REVISÃO DA VIDA TODA:

tentativa de derrubada do Tema 1102

1ª edição
Atualizada

Dedico este trabalho a minha esposa Neuci, aos meus filhos André e Mariana, bem como aos demais familiares e, em especial aqueles aposentados e todos profissionais que diante das procrastinações e manobras jurídicas lutaram em defesa da revisão da vida toda, que além do sábio saber jurídico tiveram um olhar holístico e de justiça da dignidade da pessoa humana e aqueles que não estão em nosso meio especialmente os aposentados (*in memorian*); e todos colegas operadores do direito envolvidos nas demandas judiciais.

AGRADECIMENTOS

Inicialmente agradeço a DEUS, por me dar o amor, a esperança e a vida, diante de tantas dificuldades, a fim de que eu pudesse concluir mais um desafio dentro de um contexto de conflitos e polêmicas no ordenamento jurídico brasileiro, os quais necessitam de propostas para fins de mudanças no sistema previdenciário mais justo, mas também aquelas relacionadas com tributos, saúde, segurança, meio ambiente, entre outras, que ocasionam inseguranças para sociedade brasileira.

A minha esposa Neuci, pelo companheirismo, bem como aos meus filhos André (Deco Paranhos) e Mariana (Mari), também pela compreensão deles, cujo meu amor por eles é incontestável.

Ao meu irmão Newton, por sua dedicação ao ter efetuado as revisões linguísticas dos meus trabalhos, extensivo à esposa, filhas e a netinha Beatriz, e à minha irmã Elisa, filhos e os netinhos Júlia e Bernardo pelo amor e carinho, bem como aos demais familiares e parentes, pelo afeto e carinho do nosso convívio.

Agradeço aos nobres colegas operadores do direito pela nossa parceria em Processo Civil e Tributário, Direito Tributário e Previdenciário nas demandas judiciais de maneira geral, bem como, naquelas ações sobre à revisão da vida toda, em especial aos Drs. Moreno de Castro Borba, Theódulo Dias da Silva e a Dra. Caren Verde Leal.

Também, gostaria de agradecer aos funcionários do Clube de Autores Publicações pela publicação deste trabalho e, em especial a Sra. Giovana Benis, *Customer Success*, pelo suporte para realização da publicação.

Finalmente, fica nossa lembrança daquelas pessoas aposentadas que diante da doença e da idade, conviveram com a dicotomia doença e a morte, com isso, indo para outra dimensão nos deixando um ensinamento "viver e preciso" (*in memorian*), em especial minha tia Nica e sogra Sra. Nair Florisbertina Paranhos Silva.

"É por isso que nenhuma ponderação poderá importar em desprestígio à dignidade do homem, visto que esta representa uma inegável esfera de proteção do ser em sua dimensão valorativa e constitutiva, uma vez que a ideia do homem digno está na base dos direitos. Desde a virada Kantiana, restou demonstrado que o homem é um fim em si mesmo e, em decorrência disso, tem valor absoluto, não podendo, por conseguinte, ser usado como instrumento para algo, porque, tendo dignidade e sendo pessoa, pode levantar a pretensão de ser respeitado". (SAMPAIO, Marcos, 2013, p. 215.

APRESENTAÇÃO

O objetivo desta obra é no sentido de mostrar aos leitores sobre minha experiência na condição de aposentado pelo INSS, idoso, portador de doença grave, Bacharel em Direito, Pós-Graduado em Direito Tributário na busca de um melhor benefício em razão de ter na atividade desempenhado função por 40 anos em empresas siderúrgicas na Bahia.

De maneira que, contextualizando o tema objeto dessa obra, procuramos por meio de uma linguagem simples e objetiva alcançar todos os leitores.

Nesse sentido, expomos de maneira geral, os desdobramentos dos julgamentos realizados no STF sobre à revisão da vida toda, desde o julgamento realizado no STF em 11/6/2021, do Tema 1102, bem como, à conquista vitoriosa dos aposentados ocorrida no julgamento de 1º/12/2022; até o último dia anterior às férias forenses, a partir do dia 1º/7/2024.

A obra no seu núcleo do tema busca mostrar sobre à Revisão da vida toda, cujo direito conquistado esbarra em alegrias, tristezas, oportunismos, mentiras e nas ideologias políticas, prejudicando princípios e normas em prol dos aposentados.

Assim, discorremos sobre a regra de transição prevista no art. 3º da Lei nº 9.876/1999; no diz respeito ao direito do segurado ao recebimento da prestação previdenciária mais vantajosa; prazos prescricionais e decadenciais os quais não são aplicados sobre ações revisionais sobre direito adquirido por erros materiais do cálculo previdenciário; o direito das contribuições anteriores a julho de 1994, no caso do benefício lhe seja mais favorável.

Também, mostramos às procrastinações processuais com manobras jurídicas do INSS, com a exaustiva retórica que o pagamento do benefício aos aposentados ocasionará um colapso financeiro das governanças corporativas públicas.

No julgamento do RE nº 1.276.977, Tema 1102, realizado nos dias 30/11/2022 e 1/12/2022, teve o placar de 6x5, favorável aos aposentados prevalecendo o entendimento de que quando houver prejuízo para o segurado é possível afastar a regra de transição introduzida pela lei, que exclui as contribuições anteriores a julho de 1994.

Reportando-nos sobre as procrastinações, às conquistas de direitos, bem como, das obrigações de fazer e pagar dos órgãos públicos o credor está diante de uma situação gravíssima de justiças e injustiças pactuadas por intermédio dos Três Poderes em via de mão dupla em decorrências das amarras institucionais. Enfim, existiram várias procrastinações as quais os leitores poderão constatar no texto argumentativo.

Com isso, repetidamente mencionam que ocasionarão um impacto financeiro aos Cofres Públicos com rombos cujas cifras são de bilhões, porém, tais cifras mencionadas pela parte Ré, foram e são questionadas sua veracidade por instituições especializadas, inclusive pelo ministro da Previdência Social, Carlos Lupi, ao afirmar que é um chutômetro, porém, tais rombos de bilhões são aceitos por alguns ministros da Corte Maior, a fim de sustentação de seus votos.

Também, o ministro Cristiano Zanin no julgamento das ADI´s nºs 2.110 e 2.111, após terem passados 24 anos de tramitação processual na Corte Maior, ressuscitou as mencionadas ADI´s, segundo a melhor doutrina numa tentativa de derrubada da revisão da vida toda, adotando a mesma retórica de rombo financeiro, inclusive, mencionando que o impacto financeiro ocasionará um desequilíbrio financeiro e atuarial, sendo apoiado pelo ministro Luís Roberto Barroso, presidente do STF.

Enfim, discorremos sobre às ADI´s nºs 2.110 e 2.111, referente ao julgamento de 21/3/2024; proventos dos funcionários públicos civis e militares e políticos e que o TCU divulgou no exercício de 2023 o déficit per capita em que os três regimes totalizam R$428 bilhões.

SUMÁRIO

1 – INTRODUÇÃO

O objetivo deste artigo é mostrar aos leitores, de maneira geral, os desdobramentos dos julgamentos realizados no STF sobre à revisão da vida toda, desde o julgamento realizado no STF em 11/6/2021, do Tema 1102, bem como, à conquista vitoriosa dos aposentados ocorrida no julgamento de 1º/12/2022 e seus desdobramentos até 30/6/2024, cujas férias forenses, foi a partir de 2/7/2024 até 31/7/2024, cujo retorno do judiciário será no dia 1º de agosto de 2024.

Todavia, ressaltamos que até a entrada do recesso forense no calendário do presidente do STF, ministro Luís Roberto Barroso, não teve data marcada sobre o julgamento dos embargos de declaração opostos pelo INSS.

O artigo no seu núcleo do tema busca mostrar sobre à Revisão da vida toda, cujo direito conquistado esbarra em alegrias, tristezas, oportunismos, mentiras e nas ideologias políticas, prejudicando princípios e normas em prol dos aposentados.

O autor no texto argumentativo procurou abster-se de mencionar sobre ideologias políticas e seus seguidores pelo fato de conhecimento da opinião pública e sim o fato no exercício das suas funções públicas em prejuízo dos aposentados.

Ainda, no que diz respeito aos oportunistas, reportamos sobre aqueles que tiram vantagens das circunstâncias sem levar em consideração os princípios morais, bem como, empatias para com os outros.

Além do mais, se aproveita das situações e das pessoas para se beneficiar, seja eles nas ocupações de cargos públicos, no exercício da profissão e nas redes sociais criando expectativas aos aposentados as quais são postergadas pelo Poder Público.

Assim, discorremos sobre a regra de transição prevista no art. 3º da Lei nº 9.876/1999; sobre o direito do segurado ao recebimento da prestação previdenciária mais vantajosa; prazos prescricionais e decadenciais os quais não são aplicam sobre ações revisionais sobre direito adquirido por erros materiais do cálculo previdenciário; o direito das contribuições, anteriores a julho de 1994, no caso do benefício lhe seja mais favorável.

Também, mostramos às procrastinações processuais com manobras jurídicas do INSS, com a exaustiva retórica que o pagamento do benefício aos aposentados ocasionará um colapso financeiro das governanças corporativas públicas.

Porém, mostramos que no orçamento público as despesas são orçadas por meio de receitas que poderão cobrir os gastos, havendo um equilíbrio ou não; com isso, quando mal administrado, gera um déficit, o que não ocorre com a gestão das empresas privadas, pois as receitas condicionam os desembolsos para pagamento de despesas, enquanto na gestão pública são as despesas, isto é, os gastos que determinarão o valor da receita.

Assim, no julgamento do RE nº 1.276.977, Tema 1102, realizado nos dias 30/11/2022 e 1º/12/2022, teve o placar de 6x5, favorável aos aposentados prevalecendo o entendimento de que quando houver prejuízo para o segurado é possível afastar a regra de transição introduzida pela lei, que exclui as contribuições anteriores a julho de 1994.

Reportando-nos sobre as procrastinações, às conquistas de direitos, bem como, das obrigações de fazer e pagar dos órgãos públicos o credor está diante de uma situação gravíssima de justiças e injustiças pactuadas por intermédio dos três poderes em via de mão dupla em decorrências das amarras institucionais. Enfim, existiram várias procrastinações as quais os leitores poderão constatar no texto argumentativo.

O leitor poderá observar que o INSS, representado pela AGU, nas suas peças jurídicas contém as mesmas argumentações de repercussão econômica, relacionadas à tese vencedora dos aposentados no julgamento do STF, no dia 1º/12/2022.

Com isso, repetidamente mencionam que ocasionarão um impacto financeiro aos Cofres Públicos com rombos cujas cifras são de bilhões, porém, tais cifras mencionadas pela parte Ré, foram e são questionadas sua veracidade por instituições especializadas, inclusive pelo ministro da Previdência Social, Carlos Lupi, ao afirmar que é um chutômetro, porém, tais rombos de bilhões são aceitos por alguns ministros da Corte Maior, a fim de sustentação de seus votos.

Por sua vez, os Embargos de Declaração, opostos pelo INSS, está pendente de julgamento sem data programada, por sua vez, o ministro Cristiano Zanin acrescentou outros pontos polêmicos discorridos no texto argumentativo os quais o meio jurídico contestou, a exemplo, sobre a reserva de plenário.

Também, o ministro Cristiano Zanin no julgamento das ADI´s nºs 2.110 e 2.111, após terem passados 24 anos de tramitação processual na Corte Maior, ele ressuscitou as mencionadas ADI´s, segundo a melhor doutrina numa tentativa de derrubada da revisão da vida toda, adotando a mesma retórica de rombo financeiro, inclusive, mencionando que o impacto financeiro ocasionará um desequilíbrio financeiro e atuarial, sendo apoiado pelo ministro Luís Roberto Barroso, presidente do STF.

No contexto em que discorremos sobre à revisão da vida, mostramos que estamos diante do “capitalismo à brasileira”, por essa razão, mencionamos rombos financeiros aos Cofres Públicos, a exemplo, do sistema de corrupção pelas espúrias relações entre “Estado e Empresas”, por isso, não seria os benefícios a serem pagos aos aposentados da revisão da vida toda que quebraria o País, conforme, foi mencionado pelo presidente do STF, ministro Luís Roberto Barroso no julgamento realizado em 21/3/2024.

Enfim, no que diz respeito ao julgamento das ADI´s nºs 2.110 e 2.111, ocorrido em 21/3/2024, no texto argumentativo mencionamos vários aspectos jurídicos que os leitores poderão constatar que o STF não poderá ficar à margem de uma decisão justa em prol dos aposentados, caso contrário, com a devida vênia, conforme mencionamos em termos comparativos havendo uma derruba da revisão da vida toda, será um “Golpe aos Aposentados”, o que assemelha-se ao “Golpe de Estado”, com a tentativa frustada de derrubada da democracia no dia 8/1/2023.

2 – REVISÃO DA VIDA TODA: justiças e injustiças em via de mão dupla; economia à brasileira; escravidão moderna; equilíbrio financeiro e atuarial e tentativa de derrubada do Tema 1102, no julgamento realizado no STF em 21/3/2024.

No que diz respeito ao texto argumentativo sobre o núcleo do tema é necessário expor aos leitores alguns pontos importantes para melhor interpretação do estudo desenvolvido pelo autor sobre à revisão da vida toda.

O autor no texto argumentativo procurou abster-se de mencionar sobre ideologias políticas e seus seguidores pelo fato de conhecimento da opinião pública e sim o fato no exercício das suas funções públicas em prejuízo dos aposentados.

Ainda, no que diz respeito aos oportunistas, reportamos sobre aqueles que tiram vantagens das circunstâncias sem levar em consideração os princípios morais, bem como, empatias para com os outros, além do mais, se aproveita das situações e das pessoas para se beneficiar, seja eles nas ocupações de cargos públicos, no exercício da profissão e nas redes sociais criando expectativas aos aposentados as quais são postergadas pelo Poder Público.

Diante disso, iniciamos reportando-nos sobre o julgamento realizado no dia 11/6/2021, do Tema 1102[1] da Repercussão Geral, pois, somos sabedores

---

[1] BRASIL. Supremo Tribunal Federal (STF). **Tema nº 1102, de 11/6/2021, da Repercussão Geral**. Disponível em: https://www.stf.jus.br. Acesso em: 15/6/2021.
O Tema refere-se a Repercussão Geral do RE nº 1.276.977-DF, o qual tratou no julgamento do plenário o seguinte:
Possibilidade de revisão de benefício previdenciário mediante a aplicação da regra definitiva do art. 29, dos incisos I e II, da Lei nº 8.213/1991, quando mais favorável do que a regra de transição contida no art. 3º da Lei nº 9.876/1999, aos segurados que ingressaram no Regime Geral da Previdência Social antes da publicação da referida Lei nº 9.876/1999, ocorrida em 26/11/1999. Relator: Ministro Marco Aurélio. Ata de Julgamento nº 19, de 14/6/2021, DJE nº 119, divulgado em 21/6/2021, com vistas ao Ministro Alexandre de Moraes

de que a votação estava empatada em cinco a favor e cinco contra, ocasião em que ficou para o Ministro Alexandre de Moraes, o "voto minerva", mas o mesmo pediu "vista do voto" para adiar a decisão e em seguida solicitou ao ex-Presidente do STF, Ministro Luiz Fux, que o julgamento retornasse de forma presencial, com as sessões plenárias retomadas em 2/8/2021, que de certa forma seriam relevantes os argumentos prós e contras.

Nesse sentido, o STF poderia ter colocado uma pá de cal de uma regra de transição criada em 1999, instituída na reforma da previdência, a qual foi prejudicial aos segurados do INSS do que a própria regra permanente.

Tal regra de transição prevista no art. 3º da Lei nº 9.876/1999 aplica-se aos segurados que ingressaram no Regime Geral da Previdência Social até o dia anterior à publicação da mencionada lei.

Naquela ocasião do julgamento, acompanharam o Relator ex-Ministro Marco Aurélio os ministros Edson Fachin e o Ricardo Lewandowski (aposentado), bem como as ministras Carmem Lúcia e Rosa Weber (aposentada). Entretanto, teve o voto divergente do Ministro Nunes Marques, com isso, acompanharam a divergência os seguintes ministros: Dias Toffoli, Roberto Barroso, Gilmar Mendes e Luiz Fux.

Assim, reportando-nos sobre o direito conquistado pelos aposentados junto ao STJ, é bom lembrar que o STF, no julgamento do RE nº 630.501, de 2013, já havia manifestado favoravelmente reconhecendo o direito do segurado ao recebimento da prestação previdenciária mais vantajosa entre aquelas cujos requisitos se cumprem.

O direito à revisão da vida toda leva em consideração o lapso temporal do período contributivo do segurado, isto é, considera as contribuições previdenciárias anteriores a julho de

1994, bem como o alcance para aqueles segurados que recebem ou tenham recebido benefícios previdenciários calculados com base na Lei nº 9.876/1999[2] e que tenham contribuições previdenciárias anteriores a julho de 1994.

Vale mencionar que o STJ julgou favoravelmente a tese jurídica no julgamento do recurso repetitivo de Tema 999, entretanto, o debate teve repercussão geral reconhecida no STF, por meio do Tema 1102.

Não obstante, o Instituto Nacional do Seguro Social – INSS, autor do RE nº 1.276.977[3], de 5/8/2020, no julgamento de 27/8/2020,

---

[2] BRASIL. PRESIDÊNCIA DA REPÚBLICA. **Lei nº 9.876, de 26/11/1999**. Dispõe sobre a contribuição previdenciária do contribuinte individual, o cálculo do benefício, altera dispositivos das Leis nºs 8.212 e 8.213, ambas de 24 de julho de 1991, e dá outras providências. Disponível em: https://www.planalto.gov.br. Acesso em: 15/6/2021.

[3] BRASIL. Supremo Tribunal Federal (STF). **Acórdão da Repercussão Geral do Recurso Extraordinário nº 1.276.977-DF, de 5/8/2020, julgamento de 27/8/2020**. Disponível em: https://www.stf.jus.br. Acesso em: 15/6/2021.

inconformado, interpôs o referido RE contrário ao direito ao Segurado da "revisão do benefício mais favorável", sob alegação da repercussão econômica ocasionando impacto financeiro decorrente da imediata aplicação da tese, oriundo das aposentadorias por tempo de contribuições, por exemplo, 16,4 bilhões para os últimos cinco anos.

Vale esclarecer que o argumento do INSS contra a tese da "revisão do benefício mais favorável" é um dos argumentos defendido pelo Ministro Nunes Marques no seu voto divergente do Relator, sob o fundamento de que a revisão das aposentadorias resultaria no aumento dos benefícios e impactaria os Cofres da União com gastos estimados em R$ 46 bilhões, no período de 10 (dez) anos.

Mais uma vez, conforme já mencionamos em nossos artigos na doutrina pátria, o aposentado é um verdadeiro "boi de piranha", em que as governanças públicas do País, com objetivo de sensibilizarem a opinião pública, utilizam argumentos de que os aumentos nos benefícios da aposentadoria trariam impactos financeiros à União, com isso, não concedendo o direito de uma melhor aposentadoria mantendo-os numa escravidão moderna.

Nesse sentido, podemos observar que as teses vencedoras tanto do STJ, quanto do Relator ex-Ministro Marco Aurélio, bem como do voto vista do Ministro Alexandre de Moraes, do STF, não mencionam prazo decadencial para obtenção do direito conquistado em razão de erro de cálculo previdenciário por parte do INSS; caso constasse, as teses seriam inócuas beneficiando os Cofres Públicos, bem como a ADI nº 6.096/DF de 13/10/2020, em relação à inconstitucionalidade do prazo decadencial, seria letra morta.

Enfim, no que diz respeito à retórica defendida por algumas autoridades públicas sobre a fundamentação jurídica do prazo decadencial, é no sentido de evitar a eternização dos litígios e na busca de equilíbrio financeiro e atuarial para o sistema previdenciário, aliás, além do prazo decadencial não ser aplicado na revisão da vida toda, conforme o Recurso Extraordinário - RE 630.501-RS, de 21/12/2013, tal pretensão é rechaçada pela ADI nº 6.096-DF/2020, conforme mencionamos.

Além disso, cada ação contém um modo de pedir distinto das demais ações, por exemplo, aqueles pedidos revisionais solicitados na esfera administrativa ao INSS sem nenhuma resposta estão garantidos os prazos prescricionais e decadenciais, considerando que o órgão público não cumpriu uma "obrigação de fazer", o número do protocolo poderá ser utilizado como meio de prova.

Ainda, sobre o prazo decadencial de 10 (dez) anos, previsto no art. 103, a Lei nº 8.213/1991[4] o

---

[4] BRASIL. PRESIDÊNCIA DA REPÚBLICA. **Lei nº 8.213, de 24 de julho de 1991**. Dispõe sobre Planos de Benefícios da Previdência Social e dá outras providências. Disponível em: https://www.planalto.gov.br. Acesso em: 15/6/2021.

STF decidiu favorável ao aposentado, manifestando no sentido de que no pedido revisional não há prazo decadencial por preservação do direito adquirido ante a nova circunstância de fato, o que, com a devida vênia, descarta a pretensão daqueles que defendem o prazo decadencial de 10 (dez) anos.

De fato, em não permitir as revisões por erros materiais do cálculo previdenciário de um direito adquirido é eternizar a má prestação dos serviços e dos atos ilícitos pela Previdência Social de certa forma beneficiando os Cofres Públicos e penalizando os aposentados, inclusive os herdeiros daquele aposentado falecido. Diante disso, em junho de 2021, o STJ publicou o Acórdão do Tema 1.057 sobre a possibilidade da revisão de aposentadoria do segurado já falecido.

Não obstante, observamos que a maioria dos artigos da espécie notícias que são divulgados nas redes sociais vem sustentando que o prazo decadencial é de 10 (dez) anos, a partir da data do primeiro pagamento dos proventos da aposentadoria, admitindo uma perspectiva que não é favorável ao segurado do INSS; data vênia, discordamos deste entendimento, considerando o que expusemos anteriormente sobre o referido prazo, inclusive o relator ministro Alexandre de Morais, já se manifestou sobre o assunto nas peças do processo.

Reportando-nos aos julgamentos no STF, o ex-Ministro Marco Aurélio, atualmente aposentado, no julgamento virtual do Tema 1102[5], da Repercussão Geral, realizado em 11/6/2021, da "revisão da vida toda", do Recurso Extraordinário - RE nº 1.276.977/RG-DF, foi o Relator que propôs a seguinte tese vencedora:

---

[5] BRASIL. Supremo Tribunal Federal (STF). **Tema nº 1102 da Repercussão Geral, julgamento no Plenário Virtual em 21/6/2021, referente ao RE nº 1.276.977, de 25/8/2020, interposto pelo INSS**. Disponível em: https://www.stf.jus.br. Acesso em: 15/6/2021.

> Na apuração do salário de benefício dos segurados que ingressaram no Regime Geral da Previdência Social até o dia anterior à publicação da Lei nº 9.876/1999 e implementaram os requisitos para aposentadoria na vigência do diploma, aplica-se a regra definitiva prevista no artigo 29, incisos I e II, da Lei nº 8.213/1991, quando mais favorável que a norma de transição.

Ainda, a tese da "revisão da vida toda" tem o parecer favorável do ex-Procurador-Geral da República Augusto Ara[6], o qual sustentou que não levar em consideração os recolhimentos das contribuições anteriores a julho de 1994, contraria o direito ao melhor benefício, e concluiu pelo desprovimento do recurso extraordinário interposto pelo INSS e manutenção da tese fixada pelo STJ; observem que ele foi categórico:

---

[6] BRASIL. Superior Tribunal Federal (STF). **Tema nº 1102 da Repercussão Geral do Recurso Extraordinário nº 1.276.977-DF, de 5/8/2020, Voto Vista do Ministro Alexandre de Moraes em 25/2/2022, no Plenário Virtual.** Disponível em http://www.stf.jus.br. Acesso em 26/2/2022.

[...]
4. Desconsiderar o efetivo recolhimento das contribuições realizado antes de 1994 vai de encontro ao direito ao melhor benefício e à expectativa do contribuinte, amparada no princípio da segurança jurídica, de ter consideradas na composição do salário-de-benefício as melhores contribuições de todo o seu período contributivo.
5. A partir de uma interpretação teleológica da regra transitória, aplica-se a regra permanente do art. 29, I e II, da Lei 8.213/1991, na apuração do salário de benefício, quando mais favorável ao contribuinte.
6. Proposta de tese de repercussão geral: Aplica-se a regra definitiva, prevista no art. 29, I e II, da Lei 8.213 /1991, na apuração do salário de benefício, quando mais favorável do que a regra de transição contida no art. 3° da Lei 9.876/1999, aos segurados que ingressaram no Regime Geral da Previdência Social até o dia anterior à publicação da Lei 9.876/1999.Parecer pelo desprovimento do recurso extraordinário e pela manutenção da tese fixada pelo Superior Tribunal de Justiça.

No Plenário Virtual a Corte Maior no julgamento de 21/6/2021 reconheceu a repercussão geral[7] da matéria em acórdão ementado, a saber:

> Recurso extraordinário. Previdenciário. Revisão de benefício. Cálculo do salário de benefício. Segurados filiados ao Regime Geral de Previdência Social (RGPS) até a data de publicação da Lei nº 9.876/99. Aplicação da regra definitiva do art. 29, inc. I e II, da Lei nº 8.213/91 ou da regra de transição do art. 3º da Lei nº 9.876/99. Presença de repercussão geral.

Assim, sobre o julgamento de 21/6/2021, do Tema 1102[8] da Repercussão Geral, de "revisão da

---

[7] BRASIL. Supremo Tribunal Federal (STF). **Tema nº 1102 da Repercussão Geral, julgamento no Plenário Virtual em 21/6/2021, referente ao RE nº 1.276.977, de 25/8/2020, interposto pelo INSS**. Disponível em: https://www.stf.jus.br. Acesso em: 15/6/2021.

[8] BRASIL. Supremo Tribunal Federal (STF). **Tema nº 1102, de 11/6/2021, da Repercussão Geral**. Disponível em: https://www.stf.jus.br. Acesso em: 15/6/2021.
O Tema refere-se a Repercussão Geral do RE nº 1.276.977-DF, o qual tratou no julgamento do plenário o seguinte:
Possibilidade de revisão de benefício previdenciário mediante a aplicação da regra definitiva do art. 29, dos incisos I e II, da

vida toda", enfatizamos que acompanharam o Relator ex-Ministro Marco Aurélio, os ministros Edson Fachin e Ricardo Lewandowski (aposentado), bem como as ministras Carmem Lúcia e Rosa Weber (aposentada).

Entretanto, teve o voto divergente do Ministro Nunes Marques; com isso, acompanharam a divergência os seguintes ministros: Dias Toffoli, Luís Roberto Barroso, Gilmar Mendes e Luiz Fux.

Vale esclarecer que a União mencionou naquela época que os recentes impactos fiscais e a regulamentação da Renda Básica Universal por sugestão do Fundo de Erradicação da Pobreza, resultarão num gasto de R$93,7 bilhões; por esse

---

Lei nº 8.213/1991, quando mais favorável do que a regra de transição contida no art. 3º da Lei nº 9.876/1999, aos segurados que ingressaram no Regime Geral da Previdência Social antes da publicação da referida Lei nº 9.876/1999, ocorrida em 26/11/1999. Relator: Ministro Marco Aurélio. Ata de Julgamento nº 19, de 14/6/2021, DJE nº 119, divulgado em 21/6/2021, com vistas ao Ministro Alexandre de Moraes.

motivo, pretendeu-se evitar um colapso financeiro e da máquina pública diante do exaurimento dos recursos discricionários das despesas de condenações judiciais.

Ora, o que foi pretendido com tal argumento[9] percebe-se que foi a diminuição dos gastos, pergunta-se: Por que não começar diminuindo os gastos públicos? Pois somos sabedores de que a falta de controle dos gastos públicos é que ocasionam impactos financeiros no orçamento da União, inclusive resultaram naquela ocasião o aumento da carga tributária bruta que foi de 31,64% do Produto Interno Bruto (PIB) em 2020.

Enfim, é notório que no orçamento público as despesas são orçadas por meio de receitas que poderão cobrir os gastos, havendo um equilíbrio ou não; com isso, quando mal administrado, gera um

---

[9] GOES, Severino. ***Amicus curiae*** **questiona argumentos do governo em julgamento da revisão da vida toda**. Publicado em 15/6/2021. Disponível em: https://www.conjur.com.br. Acesso em: 20/6/2021.

déficit, o que não ocorre com a gestão das empresas privadas, pois as receitas condicionam os desembolsos para pagamento de despesas, enquanto na gestão pública são as despesas, isto é, os gastos que determinarão o valor da receita.

Nesse contexto, concluímos que os gastos públicos os quais não foram controlados ocasionaram um rombo no orçamento da União, que equivocadamente são imputados aos aposentados, tão somente pela falta de controle das Governanças Corporativas Públicas.

Vale esclarecer que o direito dos aposentados sobre à revisão da vida toda foi conquistado no julgamento no Plenário Físico do STF[10], realizado em 1º/12/2022, com placar de 6x5, favorável aos

---

[10] ALMEIDA, Edson. **Julgamento sobre revisão da vida toda foi favorável aos aposentados, placar 6x5, derrubado o pedido de destaque do Ministro Nunes Marques, prevaleceu a força de Têmis: verdade, equidade e humanidade**. Postado em 24/07/2022. Disponível em: https://www.jornalalerta.com.br. Acesso em: 24/07/2022.

aposentados, prevalecendo o entendimento de que quando houver prejuízo para o segurado é possível afastar a regra de transição introduzida pela lei, que exclui as contribuições anteriores a julho de 1994.

Assim, no julgamento do RE nº 1.276.977, Tema 1102, realizado nos dias 30/11/2022 e 1º/12/2022, votaram a favor o ex-ministro Marco Aurélio (voto mantido), Alexandre de Moraes, Edson Fachin, Carmem Lúcia, ex-ministro Ricardo Lewandowski (aposentado) e Rosa Weber (aposentada).

Entretanto, votaram contra os ministros Nunes Marques, Luís Roberto Barroso, Luiz Fux, Dias Toffoli e Gilmar Mendes. Vale mencionar que, foi derrubado o pedido de destaque do Ministro Nunes Marques, com isso, prevaleceu a força de Têmis: verdade, equidade e humanidade.

No que diz respeito a regra de transição, o RE nº 1.276.977, foi interposto pelo INSS contra decisão do STJ, que havia garantido a um beneficiário, filiado ao RGPS antes da Lei nº 9.876/1999, a revisão da sua aposentadoria com aplicação da regra definitiva prevista no art. 29, da Lei nº 8.213/1991, por ser mais favorável ao cálculo do benefício que a regra de transição.

No julgamento em que ocorreu a vitória dos aposentados, pelo placar de 6 (seis) votos a favor e 5 (cinco) votos contra, no dia 1º de dezembro de 2022, prevaleceu o entendimento de que quando houver prejuízo para o segurado é possível afastar a regra de transição introduzida pela lei, que exclui as contribuições anteriores a julho de 1994, a tese[11] de repercussão geral fixada foi a seguinte:

> O segurado que implementou as condições para o benefício previdenciário após a vigência da

[11] BRASIL. Superior Tribunal Federal (STF). **"Revisão da vida toda" é constitucional, diz o STF**. Disponível em: https://portal.stf.jus.br. Acesso em: 1/12/2022.

> Lei nº 9.876, de 26/11/1999, e antes da vigência das novas regras constitucionais, introduzidas pela EC nº 103/2019, que tornou a regra transitória definitiva, tem o direito de optar pela regra definitiva, acaso esta, lhe seja mais favorável.

Nesse sentido, se faz mister mostrar aos leitores alguns pontos que julgamos importantes no voto vista do Excelentíssimo Ministro Alexandre de Moraes, inclusive sobre o rombo das contas públicas defendido pelo Ministro Nunes Marques, autor do pedido de destaque que suspendeu a decisão do julgamento realizado nos dias 30/11/2022 e 1º/12/2022, favorável aos aposentados que passamos a esclarecer mediante uma síntese.

No voto vista, do Ministro Alexandre de Moraes, podemos observar sua sustentação sobre o direito[12] dos aposentados defendido pelo STJ, bem como, por intermédio do ex-Procurador-Geral da República e do Relator Ministro Marco Aurélio, em diversos momentos, vejamos:

> O segurado que implementou as condições para o benefício previdenciário após a vigência da Lei nº 9.876, de 26/11/1999, e antes da vigência das novas regras constitucionais, introduzidas pela EC 103/2019, que tornou a regra transitória definitiva, tem o direito de optar pela regra definitiva, a caso esta lhe seja mais favorável.
>
> [...]
>
> Possibilidade de revisão de benefício previdenciário mediante a aplicação da regra definitiva do art. 29, incisos I e I, da Lei nº 8.213/1991, quando mais favorável do que a regra de transição contida no artigo 3º da Lei nº 9.876/1999, aos segurados que ingressaram no Regime de Previdência Social antes da

---

[12] BRASIL. Superior Tribunal Federal (STF). **Tema nº 1102 da Repercussão Geral do Recurso Extraordinário nº 1.276.977-DF, de 5/8/2020, Voto Vista do Ministro Alexandre de Moraes em 25/2/2022, no Plenário Virtual.** Disponível em http://www.stf.jus.br. Acesso em 26/2/2022.

> publicação da Lei nº 9.876/1999, ocorrida em 26/11/1999.

No que diz respeito ao argumento do INSS, que os gastos impactariam os Cofres da União[13] contra a tese da "revisão do benefício mais favorável", vale mencionar que o voto do Ministro Alexandre de Moraes não deixa nenhuma dúvida, pois a referida argumentação não se sustenta; ele entende que:

> O INSS argumenta que o impacto financeiro decorrente da aplicação da tese fixada pelo Superior Tribunal de Justiça às aposentadorias por tempo de contribuição seria de R$ 3,6 bilhões para o ano de 2020; R$ 16,4 bilhões para os últimos cinco anos; R$ 26,4 bilhões para o período de 2021 a 2029, sem considerar os impactos fiscais relacionados a outros benefícios previdenciários, tais como pensão

---

[13] BRASIL. Superior Tribunal Federal (STF). **Tema nº 1102 da Repercussão Geral do Recurso Extraordinário nº 1.276.977-DF, de 5/8/2020, Voto Vista do Ministro Alexandre de Moraes em 25/2/2022, no Plenário Virtual.** Disponível em http://www.stf.jus.br. Acesso em 26/2/2022.

por morte, aposentadoria por idade e por invalidez.

Segundo afirma, existem 3.045.065 aposentadorias por tempo de contribuição ativas desde 2009 e, se metade delas requerer a revisão, o custo operacional estimado, é de R$ 1,6 bilhão.

Com efeito, as cifras acima impressionam. Todavia, deve se atentar que a tese do STJ somente irá beneficiar aqueles segurados que foram prejudicados no cálculo da renda mensal inicial do benefício, pela aplicação da regra transitória do art. 3° da Lei 9.876/1999, na hipótese de terem recolhido mais e maiores contribuições no período anterior a julho de 1994.

Ou seja, a regra definitiva é benéfica para aqueles que ingressaram no sistema antes de 1994, e que recebiam salários mais altos em momentos mais distantes em comparação com os salários percebidos nos anos que antecederam a aposentadoria, pois naquele primeiro período vertiam contribuições maiores para o INSS. Assim, as contribuições mais longínquas, quando computados no cálculo da aposentadoria, resultam em um benefício melhor.

Para o segmento da população com mais escolaridade, a lógica se inverte, pois estes começam recebendo salários menores que vão aumentando ao longo da vida. Portanto, para esses, a revisão da aposentadoria não se apresenta como uma escolha favorável.

Como se vê, negar a opção pela regra definitiva, tornando a norma transitória obrigatória aos que ser filiaram ao RGPS antes de 1999, além de desconsiderar todo o histórico contributivo do segurado em detrimento deste, causa-lhe prejuízo em frontal colisão com o sentido da norma transitória, que é justamente a preservação do valor dos benefícios previdenciários.

Com esse entendimento não se está criando benefício ou vantagens previdenciárias, haja vista que o pedido inicial é para serem consideradas as contribuições previdenciárias efetivamente recolhidas em momento anterior a julho de 1994.

Assim, a luz da jurisprudência desta CORTE que determina que (i) aplicam-se as normas vigentes ao tempo da reunião dos requisitos de passagem para inatividade para o cálculo da renda mensal inicial; e que (ii) deve-se observar o quadro mais favorável ao beneficiário; conclui-se que:

o segurado que implementou as condições para o benefício previdenciário após a vigência da Lei 9.876, de 26/11/1999, e antes da vigência das novas regras constitucionais, introduzidas pela

> EC em 103 /2019, que tornou a regra transitória definitiva, tem o direito de optar pela regra definitiva, acaso esta, lhe seja mais favorável.

Ainda, em relação ao critério sobre o cálculo[14] do benefício no exame de mérito, esclarece:

> O objeto principal da controvérsia, portanto, está em definir se o segurado do INSS que ingressou no sistema previdenciário até o dia anterior da publicação da lei nova (26/11/1999) pode optar, para o cálculo de seu salário de benefício, pela regra definitiva prevista no art. 29, I e II, da Lei 8.213/1991, quando esta lhe for mais favorável do que a regra transitória do art. 3º da Lei 9.876/1999, por lhe assegurar um benefício mais elevado.
> O segurado, ora recorrido, é beneficiário de aposentadoria por tempo de contribuição e ingressou

---

[14] BRASIL. Superior Tribunal Federal (STF). **Tema nº 1102 da Repercussão Geral do Recurso Extraordinário nº 1.276.977-DF, de 5/8/2020, Voto Vista do Ministro Alexandre de Moraes em 25/2/2022, no Plenário Virtual**. Disponível em http://www.stf.jus.br. Acesso em 26/2/2022.

no RGPS em 1976, ou seja, antes de 26/11/1999 - data da publicação da Lei 9.876/1999, que no seu art. 3° estabeleceu regra de transição para aqueles filiados à Previdência antes da novel legislação.

O início de seu benefício de aposentadoria foi em 2003, ou seja, na vigência do art. 29 da Lei 8.213/1991, alterado pela Lei 9.876/1999.

Como relatado, a ação foi ajuizada com o objetivo de obter a revisão de sua aposentadoria segundo a regra definitiva (nova redação do art. 29, I e II, Plenário Virtual - minuta de voto - 25/02/2022 14 da Lei 8.213/1991), que considera para o cálculo do benefício os salários de contribuição referentes a todo o período contributivo, e não só aqueles vertidos após 1994 como determina a aludida regra transitória.

O INSS defende a impossibilidade de se reconhecer ao segurado que ingressou na Previdência antes da publicação da Lei 9.876/1999 o direito de opção entre a regra de transição inserta no art. 3° desse diploma legal e a regra definitiva do art. 29, I e II, da Lei 8.213/91, com nova a redação, porque, entre outros motivos, essa escolha contraria o princípio da isonomia, na medida em que, após a edição da Lei 9.876/1999, é inviável considerar no cálculo do benefício

> de todo e qualquer segurado as contribuições vertidas ao sistema anteriores a julho de 1994.

Enfim, no seu voto após o exame de mérito, negou provimento ao Recurso Extraordinário - RE nº 1.276.977[15], de 5/8/2020, interposto pelo INSS, fixando a seguinte tese:

> "O segurado que implementou as condições para o benefício previdenciário após a vigência da Lei 9.876, de 26/11/1999, e antes da vigência das novas regras constitucionais, introduzidas pela EC em 103 /2019, que tornou a regra transitória definitiva, tem o direito de optar pela regra definitiva, acaso esta lhe seja mais favorável".

De maneira que seria uma conquista histórica de nossos tribunais em prol dos aposentados do País, bem assim, não podemos deixar de reconhecer e felicitar os Juízes Federais, e Desembargadores

---

[15] BRASIL. Supremo Tribunal Federal (STF). **Acórdão da Repercussão Geral do Recurso Extraordinário nº 1.276.977-DF, de 5/8/2020, julgamento de 27/8/2020**. Disponível em: https://www.stf.jus.br. Acesso em: 15/6/2021.

Federais do TRF, Ministros do STJ e do STF, o ex-Procurador-Geral da República Augusto Aras e todos aqueles operadores do direito que de forma geral contribuíram sobre o direito da "revisão da vida toda" aos aposentados prestigiando o direito constitucional da dignidade da pessoa humana.

Não obstante, deparamo-nos com Autoridades Públicas contrárias à dignidade da pessoa humana dos aposentados, conforme o leitor poderá constatar no desenvolvimento do texto argumentativo.

De fato, nos derradeiros 29 (vinte e nove) minutos, para o prazo do julgamento que reconheceu a constitucionalidade da "revisão da vida toda", conforme somos sabedores o Ministro Nunes Marques pediu um destaque à análise do julgamento da "revisão da vida toda", reiniciando o julgamento no plenário físico do STF, em razão do placar de 6 (seis) votos a favor e 5 (cinco) votos contra.

Assim, com pedido de destaque do Ministro Nunes Marques a decisão do julgamento ficou suspensa, o que veio ocasionar uma temeridade da eternização da escravidão moderna[16] desfavorável aos aposentados.

Ora, tratou-se de uma manobra jurídica com a mesma retórica em relação à repercussão econômica, que ocasionaria um impacto financeiro nas contas públicas, não mais no valor de R$46,4 bilhões nos próximos 10 (dez) anos, mas agora no valor de R$360 bilhões em 15 (quinze) anos, comprovando que o aposentado é um "boi de piranha" das anomalias decorrentes do institucionalismo, em que prevalecem temas do poder e dos interesses no marketing institucional em

---

[16] ALMEIDA, Edson Sebastião de. Aposentados: **Escravidão Moderna Imposta pelo INSS x Aposentadoria Revisão da Vida Toda, Julgamento do Tema 1102 no STF, Quem Vencerá?** São Paulo: Revista Síntese Trabalhista e Previdenciária, nº 389, novembro/2021, p. 89-103.

detrimento da realidade dos fatos relacionados aos gastos públicos.

A mencionada manobra jurídica foi no intuito de não considerar o voto do Relator do processo o ex-Ministro Marco Aurélio, atualmente aposentado, considerando que ele não faz mais parte da Corte Maior do País, com isso, viabilizaria o voto do Ministro André Mendonça, que substituiu o ex-Ministro Marco Aurélio.

Em outras palavras, ambos os ministros foram indicados naquela época pelo ex-Presidente da República Jair Bolsonaro (PL), entretanto, o STF, numa questão de ordem e segurança jurídica considerou mantido o voto do ex-Ministro Marco Aurélio (aposentado).

Por outro lado, o INSS, representado pela Advocacia-Geral da União (AGU), efetuou um pedido junto ao STF, protocolado em 13/2/2023[17], com fundamento para suspensão nacional de processos, o que denotou uma procrastinação discorrendo sobre a necessidade da lavratura de Acórdão com trânsito em julgado, da decisão sobre o julgamento realizado no STF, no dia 1º/12/2022, com isso, possibilitaria o referido órgão interpor os "Embargos de Declaração", opostos à decisão no Plenário do STF.

Ainda, é simplesmente vergonhoso o fundamento para a suspensão nacional de processos, previsto no item II, do pedido que denota procrastinação sob a alegação de impossibilidade estrutural no sentido de cumprir a sua "obrigação processual de fazer e de pagar".

---

[17] BRASIL. ADVOCACIA-GERAL DA UNIÃO.PROCURADORIA-GERAL FEDERAL. **Pedido de suspensão nacional de processos. RE nº 1.276.977/DF-Tema 1102/STF.** Recorrente: Instituto Nacional de Seguros Social – INSS, Recorrido: Vanderlei Martins de Medeiros, Procuradora-Geral Federal: Adriana Maia Venturini, 7/2/2023, protocolado em 13/2/2023.

Assim, o leitor poderá observar que sobre a revisão da vida toda há justiças e injustiças em via de mão dupla dos três poderes, o pior, não é especificamente na busca do referido direito pelos aposentados e sim pela busca dos cidadãos de maneira geral na prestação jurisdicional que consiste na satisfação do direito à composição do litígio, isto é, definição ou atuação da vontade concreta da lei diante do conflito instalado entre as partes.

Diante disso, o direito dos aposentados sobre a "revisão da vida toda", foi garantido, muito embora houvesse naquela época controvérsias no meio jurídico sobre a necessidade ou não da lavratura do Acórdão pelo STF, o que acabou acontecendo com sua lavratura pelo STF, publicada no DJe de 13/4/2023[18].

---

[18]BRASIL. Supremo Tribunal Federal (STF). **Recurso Extraordinário 1.276.977, Distrito Federal. Inteiro Teor do Acórdão, páginas 1 de 192, de 1/12/2022**. Relator: min. Marco Aurélio, Redator do Acórdão: Min. Alexandre de Moraes. Réu: Instituto Nacional de Seguro Social – INSS.

Assim, contextualizando os pontos a serem considerados no que diz respeito ao destaque do ministro Nunes Marques ante a ADI nº 5399, um dos pontos é o fato que o julgamento se encerra não havendo possibilidade de reabrir.

Já o outro foi a possibilidade de desistência do pedido[19] de destaque que, exaurindo com o tempo, não teria sentido, o que resultaria na perda do objeto do referido pedido de destaque.

Na referida sessão, os dois pontos obtiveram concordância dos ministros Nunes Marques, Alexandre de Moraes e André Mendonça; diante de aspectos de ordem regimental, ficou combinado que fosse efetuada uma sessão administrativa em caráter

---

Autor: Vanderlei Martins de Medeiros. Disponível em: https://www.stf.jus.br. Acesso em: 13/04/2023.

[19] AITH, Murilo. **O "dever" de diplomacia do ministro André Mendonça e o respeito com o aposentado**. Postado em 19/10/2022. Disponível em: https://www.conjur.com. br. Acesso em: 27/10/2022.

de urgência a fim de modificações da Resolução nº 642/2019.

Em resumo, sabemos que houve à manutenção do voto do relator, o ex-ministro Marco Aurélio (aposentado), bem como, da desistência do pedido de destaque por intermédio do ministro Nunes Marques, com isso, respeitando as decisões do colegiado e o fortalecimento da segurança jurídica.

Desse modo, prestigiando à celeridade processual e o respeito à dignidade da pessoa humana, ou seja, do aposentado o maior interessado sobre o recebimento do *quantum debeatur* e o melhor benefício dos proventos da aposentadoria junto ao INSS.

Entretanto, diante da impossibilidade de votar do ministro André Mendonça, foi encaminhado um ofício, referente ao processo a ex-Presidente do STF, a ministra Rosa Weber, com objetivo de dar continuidade na tramitação processual naquela época estagnada por 5 (cinco) meses, o que resultou num lapso temporal de 9 (nove) meses desde à decisão no julgamento em que os aposentados foram vitoriosos.

No contexto, ao qual nos referimos, observamos naquela época, bem como, atualmente que alguns profissionais com algumas honrosas exceções da área previdenciária no canal do Youtube ficam discorrendo matérias sobre os julgamentos da revisão da vida toda, numa retórica criando expectativas ao invés de atuarem como formadores de opinião buscando um clamor da sociedade com intuito de sensibilizar os Três Poderes nas tomadas de decisões garantindo o direito dos aposentados.

Contudo, justiça seja feita ao autor Murilo Aith, que em seu artigo "O "dever" de diplomacia do ministro André Mendonça e o respeito com o aposentado[20]", esclareceu com propriedade os fatos novos de fundamental importância, inclusive na sua *Live*, no canal do Youtube, o qual informou sobre sua reunião com a ex-ministra Rosa Weber (aposentada), naquela época, no que diz respeito aos desdobramentos do processo do Tema 1102, os quais discorremos anteriormente.

Todavia, salvo melhor juízo, no que diz respeito sobre a morosidade processual na condução de uma definição para solução entre as partes, acreditamos que a celeridade processual do Tema 1102, junto ao STF, esbarra em termos corporativos da morosidade de validação de procedimento comum no cumprimento de deveres no Código de Condutas de Éticas, Interna *Corporis*, inclusive por parte por parte do Poder Executivo.

---

[20] AITH, Murilo. **O "dever" de diplomacia do ministro André Mendonça e o respeito com o aposentado**. Postado em 19/10/2022. Disponível em: https://www.conjur.com. br. Acesso em: 27/10/2022.

Por esse motivo, data vênia, faltando-lhes a boa prática de governança corporativa[21] e *compliance*, vinculadas às competências dos colaboradores, devendo atuar com legalidade, impessoalidade, moralidade publicidade e eficiência, cujos comportamentos são comuns dos colaboradores das governanças corporativas sejam elas públicas ou privadas, cujo objetivo é estabelecer padrões de comportamentos esperados.

Porém, ressalva-se que a Corte Maior sempre buscou nos seus atos corporativos agir de acordo com os cinco princípios constitucionais da administração pública, mas, data vênia, esbarra com anomalias de outros poderes, inclusive correndo o risco da prática do ativismo judicial, atuando como legislador positivo.

---

[21] ALMEIDA. Edson. **Governanças Corporativas: poder, ética e cultura das modernas administrações públicas e privadas.** Postado em 18 de junho de 2022. Disponível em: https://www.tribunadoreconcavo.com. Acesso em: 18/06/2022.

Os aspectos jurídicos, no que diz respeito à Decisão Monocrática[22], de 28/02/2023, do ministro Alexandre de Moraes, nas páginas nºs de 2 a 5, tão somente entendemos que ele traduziu *ipsis litteris* o texto do pedido de suspensão nacional de processo, emitido em 07/02/2023, protocolado no STF em 13/02/2023, pelo INSS, representado Advocacia-Geral da União[23].

---

[22] BRASIL. Superior Tribunal Federal (STF). **Recurso Extraordinário 1.276.977/DF – Tema 1102. Decisão Monocrática, de 28/02/2023. Petições nºs 12.110/2023 e 13.157/2023**. Relator: Ministro Alexandre de Moraes. Recorrente: Instituto Nacional do Seguro Social – INSS, Recorrido: Vanderlei Martins de Medeiros. Publicada no DJe, de 2/3/2023. Disponível em: https://www.stf.jus.br. Acesso em: 5/3/2023.

[23] BRASIL. Advocacia-Geral da União. Procuradoria-Geral Federal. **Pedido de suspensão nacional de processo. RE nº 1.276.977/DF-Tema 1102/STF**. Recorrente: Instituto Nacional de Seguros Social-INSS, Recorrido: Vanderlei Martins de Medeiros, Procuradoria-Geral: Adriana Maia Venturini, emitido em 07/02/2023, protocolado no STF em 13/02/2023. Disponível em: https://www.stf.jus.br. Acesso em: 14/03/2023.

O relator ministro Alexandre de Moraes, concluiu sua decisão monocrática[24], esclarecendo:

> É o breve relato do necessário.
> O Plenário desta CORTE definiu que a suspensão nacional dos processos não é automática, cabendo ao Relator ponderar a conveniência da medida (RE 966177 RG-QO, Min. LUIZ FUX, Tribunal Pleno, DJe 01- 02-2019).
> Na presente hipótese, são relevantes os argumentos aduzidos pelo
> INSS quanto às atuais dificuldades operacionais e técnicas para a implantação da revisão dos benefícios, haja vista que a medida determinada retroage a julho de 1994.
> Por outro lado, o relevante impacto social deste precedente impõe que a análise de eventual suspensão seja realizada sob condições claras e definidas.
> De fato, milhões de beneficiários da Previdência Social aguardam há anos por uma resposta do Poder Judiciário, em matéria relacionada a direitos fundamentais básicos, ligados à própria subsistência e à dignidade da pessoa humana.

---

[24] Ibidem, p, 6-7.

> Não é razoável que, estabelecida pelo SUPREMO a orientação para a questão, fique sem qualquer previsão o resultado prático do comando judicial.
> Assim, é preciso que a autarquia previdenciária requerente informe de que modo e em que prazos se propõe a dar efetividade ao entendimento definido pelo SUPREMO TRIBUNAL FEDERAL.
> A medida de suspensão dos processos será avaliada após a juntada do referido plano.
> Por todo o exposto, concedo o prazo de 10 (dez) dias para que o INSTITUTO NACIONAL DO SEGURO SOCIAL apresente cronograma de aplicação da diretriz formada no Tema 1102 da repercussão geral.

Por sua vez, no site do STF, constou a seguinte movimentação processual em 28/3/2023: Concluso ao Relator para o Acórdão. Mas, em contato com o Gabinete do Ministro Alexandre de Moraes, no dia 3/4/2023, ficamos sabedores que a publicação do Acórdão seria após o voto vogal da Ministra Carmem Lúcia, com isso, após o voto da mencionada ministra, o Acórdão foi publicado no DJe de 13/4/2023[25].

No Acórdão o leitor ao acessá-lo poderá observar que consta um vasto histórico sobre o julgamento realizado no dia 1º de dezembro de 2022, do RE nº 1.276.977/DF, de Repercussão Geral, Tema 1102, constando o relatório e o voto do ex-ministro Marco Aurélio (aposentado).

Também, o relatório e voto do ministro Alexandre de Moraes (relator), negando provimento ao Recurso Extraordinário e proposta de tese: O segurado que implementou as condições para o benefício previdenciário após a vigência da Lei nº 9.876, de 26/11/1999, e antes da vigência das novas

---

[25]BRASIL. Supremo Tribunal Federal (STF). **Recurso Extraordinário 1.276.977, Distrito Federal. Inteiro Teor do Acórdão, páginas 1 de 192, de 1/12/2022**. Relator: min. Marco Aurélio, Redator do Acórdão: Min. Alexandre de Moraes. Réu: Instituto Nacional de Seguro Social – INSS. Autor: Vanderlei Martins de Medeiros. Disponível em: https://www.stf.jus.br. Acesso em: 13/04/2023.

regras constitucionais introduzidas pela Emenda Constitucional nº 103, de 2019, tem o direito de optar pela regra definitiva, caso esta lhe seja mais favorável (ALMEIDA, Edson, grifo nosso, p. 16-17). Além disso, constam relatórios e os votos, bem como, o voto-vista dos demais ministros e ministras que participaram do julgamento em 1º/12/2022.

Ainda que, o Acórdão o lavrado pelo STF não deixa nenhuma dúvida quanto o direito conquistado pelos aposentados, bem como, da obrigação de fazer e pagar do INSS, não obstante, no dia 05/05/2023, foi protocolado os Embargos de Declaração[26] opostos pelo INSS, representado pela Advocacia-Geral da União (AGU), mais uma vez com objetivo de procrastinação.

---

[26] BRASIL. Advocacia-Geral da União. Procuradoria-Geral Federal. **Embargos de Declaração, de 05/05/2023, RE nº 1.276.977/DF, Tema 1102/STF, Processo nº 5022146-41.2014.4.04.7200**. Embargante: Instituto Nacional de Seguro Social – INSS, Embargado: Vanderlei Martins de Medeiros. Procuradora-Geral Federal: Adriana Maia Venturini. Disponível em: https://www.stf.jus.br. Acesso em: 10/05/2023.

O leitor poderá observar que nos Embargos de Declaração, o INSS ao finalizar no item sobre requerimentos não deixa nenhuma dúvida que estamos diante de uma manobra processual no sentido de procrastinar sua obrigação de fazer e pagar, pois são postuladas matérias absurdas as quais não cabem em hipótese alguma no estágio atual do processo, senão vejamos:

> **VII. Requerimentos**
> Diante de todo o exposto, o INSS requer preliminarmente:
> 1. a suspensão dos processos que tramitam em qualquer vara ou grau de jurisdição que tenham como objeto a tese firmada no acórdão ora embargado, até a decisão definitiva dos presentes embargos de declaração;
> 2. a anulação do acórdão recorrido, do Colendo Superior Tribunal de Justiça, por inobservância do art. 97 da Constituição, com determinação do retorno dos autos àquele Tribunal para novo julgamento.
> Caso não acolhida a nulidade acima, requer sejam supridas as omissões apontadas para:
> 3. deixar claro que as revisões com base na tese adotada no Tema 1.102 estão sujeitas aos prazos de

prescrição e decadência estabelecidos pela Lei n. 8.213/1991;

4. excluir do alcance da tese aprovada os salários-de-benefícios das aposentadorias voluntárias, na situação em que a média atualizada dos salários-de-contribuição com a "vida toda" seja inferior à média atualizada dos salários-de-contribuição com o período básico de cálculo fixado a partir de julho/1994 e, nos casos em que atendido o critério, preservar o divisor mínimo correspondente a 60% do número de competências verificado entre a data do primeiro recolhimento de contribuição do segurado e a data de início do benefício;

5. Modular os efeitos do acórdão embargado, de forma que ele se aplique apenas para o futuro, excluindo-se expressamente a possibilidade de:

a) revisão de benefícios previdenciários já extintos;

b) rescisão das decisões transitadas em julgado que, à luz da jurisprudência dominante, negaram o direito à revisão; e

c) revisão e pagamento de parcelas de benefícios quitadas à luz e ao tempo do entendimento então vigente, vedando-se por consequência o pagamento de diferenças anteriores a 13.04.2023 (data de publicação do acórdão do Tema 1.102/STF).

Termos em que pede deferimento.
Brasília, 5 de maio de 2023.
Adriana Maia Venturini
Procuradora-Geral Federal
Larissa Suassuna Carvalho Barros Subprocuradora Federal de Contencioso
Lael Rodrigues Viana
Diretor da Procuradoria Nacional Federal de Contencioso Previdenciário

Os embargos de declaração, não altera o julgado, convenhamos o Acórdão relacionado ao julgamento de 1º de dezembro de 2022, referente ao RE nº 1.276.977/DF, Tema 1102/STF, não deixa nenhuma dúvida ao meio jurídico, conforme jurisprudência e doutrina pátria. Pasmem! Anulação do Acórdão do STJ, requerida pelo INSS é uma afronta a sabedoria do legislador do processo civil, bem como, a seriedade jurídica dos membros dos tribunais do STJ e do STF.

Na página 5, dos Embargos de Declaração, no item III, o embargante discorre sobre omissão a respeito da decadência e da prescrição, assim, no referido item, manifesta que de seus oitos itens do Acórdão embargado discorreu sobre a incidência da prescrição e decadência, mas omisso quanto ao ponto, acreditamos que o embargante está se referindo ao lapso temporal, senão vejamos:

> [...]
> 16. Dessa forma, observa-se que o precedente qualificado do C. Superior Tribunal de Justiça submetido a esse E. Supremo Tribunal Federal em sede de recurso extraordinário ressalvou a necessidade de observar os prazos prescricionais e decadenciais em sua aplicação.
> 17. No entanto, em nenhum de seus oito itens, o r. acórdão embargado abordou a incidência da decadência decenal e da prescrição quinquenal, restando omisso quanto ao ponto, muito embora a incidência da decadência tenha sido reafirmada pelos Ministros dessa Corte, a exemplos dos votos do Ministro Gilmar Mendes e da Ministra Rosa Weber [...]

Em outras palavras qualquer acadêmico do curso de direito é sabedor que o recurso denominado embargos de declaração está previsto no art. 1.022, do CPC/21015, (ALMEIDA, Edson, grifo nosso); tem a finalidade específica de esclarecer obscuridade, contradição ou omissão ocorrida em decisão proferida por juiz ou por órgão colegiado.

Ainda sobre os Embargos de Declaração, o INSS com a mesma retórica utilizou o termo colapso do órgão em decorrência do desembolso financeiro em favor dos aposentados no exercício do seu direito conquistado nos tribunais do STJ e do STF (ALMEIDA, Edson, grifo nosso).

O Poder Executivo tem demonstrado que não tem nenhum interesse em aumentar despesas com gastos previdenciários a fim de não contrariar a Lei de Diretrizes Orçamentárias (LDO), quando da elaboração do Orçamento Anual.

De fato, no RE nº 1.276.977/RG-DF, do INSS não deixou nenhuma dúvida sobre os possíveis gastos previdenciários, já mencionados pelo órgão público na sua argumentação contrária à decisão do STJ, favorável aos aposentados, aliás, tais gastos previdenciários não são maiores do que os gastos públicos, entre outros.

Por sua vez, considerando as postergações e decisões que ocasionaram justiça e injustiças em via de mão dupla dos três poderes, os aposentados estão em situações lastimáveis esperando pela obrigação de fazer e pagar da União (INSS), a fim de receber o tão sonhado precatório, a exemplo daqueles aposentados que litigaram durante décadas e com risco de aumentar ainda mais o tempo do tão esperado precatório face às amarras dos Três Poderes.

Vale mencionar que os aposentados ficaram numa situação de miserabilidade[27] diante de um

---

[27] ALMEIDA, Edson Sebastião de. **Revisão da vida toda: Decisão Monocrática do Ministro Alexandre de Moraes do Supremo Tribunal Federal (STF), concedeu 10 (dez) dias para que o INSS, apresente cronograma em que se propõe a dar efetividade ao entendimento definido pelo STF.**

péssimo cenário da economia do país resultando para os mesmos enormes gastos, oriundos do avanço da idade, doenças, arrimo de família ante os desempregos de filhos e netos, o pior, sujeitos as falsas informações, dos crimes de falsidades ideológicas, prevista no art. 299, do Código Penal, bem como, dos crimes digitais, previstos no art. 158, do Código Penal, com invasões de seus proventos por parte de delinquentes.

Não obstante, há situações que para um segmento da sociedade tudo é possível para outro não e se por acaso consiga é com as amarras do Poder Público, por esse motivo, em nossos artigos publicados na doutrina tal afirmativa foi demonstrada.

Nesse contexto, entendemos que aquelas Autoridades do País com poder de decisão deveriam

---

Publicado em 29 de março de 2023. Disponível em: https://www.jornaljurid.com.br. Acesso em 29/03/2023.

ter um olhar holístico da justiça aos aposentados, idosos e aos portadores de doenças graves, entre outros, bem como, ao bem-estar social, principalmente em respeito aos ideais republicanos que emergem do humanismo com leis para proteger os interesses comuns (CICERO Marco Túlio, 106 a. C - 46 a. C, grifo nosso), bem assim, do Estado Democrático de Direito, previsto na CF/1988, assegurando o direito aos aposentados da revisão da vida toda, conquistado no Plenário do STF, no dia 1º de dezembro de 2022.

Vale mencionar que, sobre a dignidade da pessoa humana, o Professor Marcos Sampaio, que prefaciou o livro do autor, denominado Crimes Contra a Ordem Tributária[28], argumenta:

> É por isso que nenhuma ponderação poderá importar em desprestígio à dignidade do

---

[28] SAMPAIO, Marcos. **O conteúdo essencial dos Direitos Sociais**. São Paulo: Saraiva, 2013, p. 215.

> homem, visto que esta representa uma inegável esfera de proteção do ser em sua dimensão valorativa e constitutiva, uma vez que a ideia do homem digno está na base dos direitos. Desde a virada Kantiana, restou demonstrado que o homem é um fim em si mesmo e, em decorrência disso, tem valor absoluto, não podendo, por conseguinte, ser usado como instrumento para algo, porque, tendo dignidade e sendo pessoa, pode levantar a pretensão de ser respeitado.

Reportando-nos ao julgamento virtual realizado em 11/08/2023, sobre os Embargos de Declaração, oposto pelo INSS, com o voto do relator ministro Alexandre de Moraes, ele acolheu parcialmente as alegações do INSS, modulando os efeitos econômicos da revisão a partir do julgamento realizado pelo STF em 1º/12/2022.

Por sua vez, no julgamento de 11/8/2023, a ex-ministra Rosa Weber (aposentada), naquela época Presidenta do STF, antecipou seu voto divergindo em parte do relator, acolhendo em parte, os embargos de declaração, a fim de modular os efeitos da tese fixada no Tema 1102, excluindo a possibilidade da revisão dos benefícios previdenciários já extintos; ajuizamento de ação rescisória, com fundamento na tese do RE nº 1.276.977, contra decisões que tinham transitado em julgado antes de 17/12/2019; pagamento de diferença de valores anteriores a 17/12/2019, ressalvados os processos ajuizados até 26/6/2019 (sessão virtual de 11/8/2023 a 21/8/2023).

Ainda, a ex-ministra Rosa Weber (aposentada), no que diz respeito ao marco temporal[29] no seu voto esclareceu que a alteração na jurisprudência nacional ocorreu em 17/12/2019,

---

[29] JUNIOR, Marco Aurélio Serau. **Revisão da vida toda: julgamento dos embargos de declaração do INSS e *modulação* de efeitos da tese**. Disponível em: https://www.migalhas.com.br. Acesso em: 24/02/2024.

ocasião do julgamento do Tema 999 pelo STJ no sistema dos recursos especiais repetitivos, com eficácia diferenciada ao julgamento em 17/12/2019, com termo inicial, com isso, já teria cessado segundo a ex-ministra a justa expectativa do INSS em relação ao não acolhimento da revisão da vida toda, a qual já deveria ter sido incorporada às práticas administrativas da autarquia.

Nesse sentido, com a devida vênia discordamos da ex-ministra, bem assim, daqueles que defendem os prazos prescricionais e decadenciais de 10 anos, a fim obter o direito da revisão da vida toda e sim o que demonstramos em vários artigos de nossa autoria publicados na doutrina, inclusive neste texto argumentativo.

Aliás, inclusive sobre os prazos prescricionais e decadenciais, o relator ministro Alexandre de Moraes, discorre sobre as alegações dos Embargos de Declaração que não houve omissão do Acórdão, aplicando-se os prazos fixados na legislação em regência, mencionando que para ações revisionais constam em relação aos prazos prescricionais e decadenciais, previsto no Tema 313[30], de repercussão geral, sendo interpretado, conforme decidido na ADI´s 6096, devendo ser considerada a regra geral constante na jurisprudência do STF, que amplamente discorremos neste texto argumentativo.

Diante disso, numa comparação de vida, a revisão da vida toda, Tema 1102, seria um "neomorto", no que diz respeito aos prazos prescricionais e decadenciais de 10 anos, defendido pelo INSS e tratados no marco temporal discutido no STF, bem como, descartaria uma lógica jurídica no sentido de que os pedidos revisionais por erros materiais do cálculo previdenciário são direitos adquiridos, reconhecidos nas jurisprudências do

---

[30] BRASIL. Supremo Tribunal Federal. **Tema 313, publicado no DJe de 02/05/2012. Repercussão Geral no Recurso Extraordinário 626.489-RG/SE, de 16/09/2010**. Disponível em: http://www.stf.jus.br. Acesso em 26/04/2023.

próprio STF, que considera inconstitucional o referido prazo nos casos das ações revisionais e no caso de não acolhimento seria letra morta, com isso, não justificando a própria tese conquistada do melhor benefício no julgamento de 1º/12/2022.

Por essas razões, estamos diante de uma aberração jurídica de enormes proporções *interna corporis*, que requer a boa prática de governança corporativa e compliance da administração pública, data vênia, nesse caso praticada por negligência funcional, além de uma afronta constitucional à dignidade da pessoa humana[31].

Assim, retomando sobre a tramitação processual junto ao STF sobre revisão da vida toda, Tema 1102; em 29/8/2023, foi publicado no DJe, a Ata de Julgamento, Sessão Virtual realizada nos dias 11/8/2023 a 29/8/2023. No dia 8/11/2023, o ministro Cristiano Zanin, efetuou devolução dos autos para

---

[31] SAMPAIO, Marcos. **O conteúdo essencial dos Direitos Sociais**. São Paulo: Saraiva, 2013, p. 215.

julgamento, solicitando vista, ficado agendado o julgamento virtual naquela época em 24/11/2023 a 01/12/2023.

No dia 24/11/2023 (sexta-feira), às 17:02 horas, foi iniciado o julgamento virtual, porém, no dia 01/12/2023, o ministro Alexandre de Moraes, efetuou "pedido de destaque". Vale esclarecer que, após o voto-vista do ministro Cristiano Zanin e do ministro Luís Roberto Barroso (Presidente) e Dias Toffoli, todos divergindo do relator para sanar omissão quanto à violação do art. 97, da CF/1988.

No que diz respeito aos Embargos de Declaração, opostos pelo INSS, o ministro Alexandre de Moraes manifestou que não houve violação à cláusula de reserva do plenário (art. 97, CF/1988), inclusive pelo fato do STJ não ter declarado inconstitucionalidade da norma jurídica.

De fato, a Ordem dos Advogados – OAB, através do Memorial[32], emitido em 26/01/2024, o Presidente do Conselho Federal, manifestou o entendimento de que não existiu a mencionada violação da cláusula de reserva de plenário, também, manifestado pela Associação Brasileira de Advogados - ABA, bem como pelo meio jurídico de uma maneira geral

Não obstante, o voto do ministro Cristiano Zanin, foi aderido pelos votos dos ministros: Gilmar Mendes, Luiz Fux, Luís Roberto Barroso (Presidente), Dias Toffoli e Nunes Marques, no sentido de reconhecer a nulidade do Acórdão publicado no DJe de 13/4/2023, pasmem do próprio STF, data vênia, o que caracteriza uma falta de ética e *compliance interna corporis* da governança corporativa da administração pública.

---

[32] CABRAL, José Alberto Ribeiro Simonetti; SANTOS, Ulisses Rabaneda dos. ORDEM DOS ADVOGADOS DO BRASIL – OAB. **Memorial, de 26/01/2024**. Disponível em: pc@oab.prg.br/www.oab..org.br. Acesso em: 25/02/2024.

Por sua vez, nos demais julgamentos à ordem dos processos a serem julgados, impossibilitaram a realização do julgamento da Revisão da Vida Toda, Tema 1102, sendo que no dia 21/12/2023, o julgamento constou no calendário de julgamento do Presidente do STF, ministro Luís Barroso, para o dia 01/02/2024.

Não obstante, em 1º/2/2024, não foi realizado o julgamento, sendo incluído no calendário do Presidente do STF, para o dia 28/2/2024, o que acabou não ocorrendo sendo transferido para o dia 29/02/2024, também, não aconteceu, sendo transferido para o dia 20/03/2024, que foi novamente transferido para o dia 21/3/2024, enfim, sendo novamente postergado.

Assim, constou no calendário do ministro Luís Barroso, a data de 3/4/2024, pelo fato de não ter havido julgamento em 1/4/2024, em virtude das exaustivas datas programadas na tramitação processual do STF, nada constou sobre o julgamento do Tema 1102, tão somente no dia 26/06/2024, consta que: conclusos ao Relator.

Nesse contexto, considerando que o julgamento realizado no dia 21/3/2024, referente às ADI`s nºs 2110 e 2111, ocasionaram ao meio jurídico uma insegurança e um oportunismo institucional de derrubada da tese do Tema 1102, da revisão da vida toda, numa afronta à ética e *compliance* de governança corporativa da administração pública, nesse caso praticada com a devida vênia, por negligência funcional, além de uma afronta constitucional à dignidade da pessoa humana[33].

Em termos comparativos o leitor poderá analisar que sobre a invasão do Palácio do Planalto em 8/1/2023, com tentativa de "Golpe de Estado" e derrubada da "Democracia do País"; sendo considerada as devidas proporções a tentativa de

---

[33] SAMPAIO, Marcos. **O conteúdo essencial dos Direitos Sociais**. São Paulo: Saraiva, 2013, p. 215.

derrubada da "Revisão da Vida Toda" no julgamento realizado em 21/3/2024, tem o mesmo efeito para os aposentados em relação à tentativa de derrubada da democracia no dia 8/1/2023.

De maneira que, o julgamento realizado em 21/3/2024, não foi em relação ao RE nº 1.276.977 e sim sobre às duas ADI´s nºs 2110 e 2111, contra a Lei dos Planos de Benefícios da Previdência Social, ou seja, Lei nº 8.213/1991, que por maioria os ministros votaram a favor do art. 3º da Lei nº 9.876/1999, que estabelece sobre a regra de transição a qual deverá ser utilizada para os cálculos da aposentadoria e não o RE nº 1.276.977, em que os aposentados obtiveram o direito a revisão do cálculo ao melhor benefício.

Nesse sentido, pelo placar de 7 votos a favor e 4 votos contra, foi decidido que os aposentados não têm direito de optarem pela regra mais favorável para recálculo do benefício, assim, ao ser julgado que a regra é válida e cogente, não é possível que o aposentado escolha melhor opção do cálculo, com isso, foi derrubada a tese em que ocorreu a vitória dos aposentados, no dia 1º/12/2022.

Assim, votaram contra o recálculo mais favorável o presidente do STF, ministro Luís Roberto Barroso, bem como, os ministros Cristiano Zanin, Luiz Fux, Flávio Dino, Dias Toffoli, Gilmar Mendes e Nunes Marques. Por sua vez, votaram a favor, os ministros Alexandre de Moraes, André Mendonça, Edson Fachin e a ministra Cármen Lúcia.

Com isso, ao ser julgado que a regra é válida e cogente, não é possível ao aposentado escolher a melhor opção do cálculo, por essa razão, houve uma manobra jurídica[34] com tentativa de derrubada da

[34] ZARATTINI, Karina. **O STF derruba revisão da vida toda com manobra jurídica**. Disponível em: https://www.calculojuridico.com.br. Acesso em 29/4/2024.

tese em que ocorreu a vitória dos aposentados, no dia 1º/12/ 2022.

Nesse contexto, somos sabedores que uma regra de transição visa proteger o segurado de uma nova norma que poderá ser mais rígida, entretanto, a regra de transição desde julho de 1994, poderá ser pior para muitos aposentados do que a regra definitiva que alcança todo período, podendo diminuir pela metade o valor dos proventos.

Por esses motivos, que a tese da revisão da vida toda, tem como objetivo proteger o direito do aposentado, no sentido de que ele possa optar pela regra definitiva ao invés da regra de transição ou optar pela regra que lhe for mais favorável.

Com base na tese vitoriosa do julgamento de 21/3/2024, os segurados não poderão mais reivindicarem o direito de usar a "regra definitiva" prevista no artigo 29, incisos I e II, da Lei nº 8.213/1991, que muitas vezes resultava em benefícios mais favoráveis.

Diante disso, é importante mencionar aos aposentados e aos leitores de forma geral, que por ironia do destino o ex-advogado do Partido dos Trabalhadores (PT), Cristiano Zanin, atual ministro do STF, foi quem apresentou a proposta de tornar a aplicação da regra de transição, vetando que o aposentado escolha uma forma de cálculo que lhe seja mais benéfica, no entanto, o ministro Cristiano Zanin, passados 24 anos, isto é, desde 15/03/2000, de tramitação processual na Corte Maior ele ressuscitou as mencionadas ADI`s.

Assim, na Ação Direta de Inconstitucionalidade (ADI) nº 2110[35], foi

---

[35] BRASIL. Supremo Tribunal Federal (STF). **STF define que segurado não pode escolher cálculo mais benéfico para**

apresentada pelo Partido Comunista Brasileiro (PCdoB), Partido dos Trabalhadores (PT), Partido Democrático Trabalhista (PDT) e Partido Socialista Brasileiro (PSB) e no que diz respeito sobre a ADI nº 2111, foi ajuizada pela Confederação Nacional dos Trabalhadores Metalúrgicos (CNTM), cujas ações questionavam alterações na Lei de Benefícios da Previdência Social, Lei nº 8.213/1991, inseridas pela Lei nº 9.876/1999.

No que diz respeito ao julgamento no tribunal do STF, percebemos com a devida vênia, uma mudança de paradigma, ou seja, de cunho político não prevalecendo apenas o interesse público e sim numa perspectiva social, atendendo os outros indivíduos, os quais no futuro também se beneficiarão da proteção estatal.

Não obstante, à retórica do governo e do ministro que defendeu a tese vencedora que impacto

---

benefício da Previdência. Postado em 21/3/2024. Disponível em: https://portal.stf.jus.br. Acesso em: 26/03/2024.

financeiro ocasionarão um desequilíbrio financeiro e atuarial do RGPS, com a devida vênia, estão na contramão dos objetivos do sistema atuarial, nesse sentido, o IPEA[36], sobre o princípio constitucional, esclarece:

> O preceito constitucional do equilíbrio financeiro e atuarial na redação dada pelo § 5o do art. 195 da CF/1988, tomado originalmente tão somente como um objetivo para a boa gestão pública divide-se em dois aspectos fundamentais. O primeiro se refere ao equilíbrio financeiro, entendido basicamente como o saldo zero ou positivo resultante do confronto entre as receitas e as despesas do sistema previdenciário, ou, em outros

---

[36] COSTANZI, Rogerio Neganime; FERNANDES, Alexandre Zioli; ANSILERO, Graziela. **O Princípio Constitucional de Equilíbrio Financeiro e Atuarial no Regime Geral de Previdência Social: tendências recentes e o caso da regra 85/95 progressiva**. Texto para discussão. p. 14. Disponível em: http://www.ipea.gov.br. Acesso em: 24/03/2024.

> termos, como a existência de receitas suficientes para a realização de todos os pagamentos devidos aos segurados, dentro de um lapso temporal comumente, ao longo de um exercício financeiro. Isso implicaria a inexistência de necessidade de financiamento por parte do Tesouro Nacional, por exemplo, situação que, quando observada, pode prejudicar o investimento e o dispêndio estatal em outras áreas importantes de atuação do poder público.

Nos estudos do IPEA, em relação ao sistema atuarial sobre impacto no longo prazo, até 2060, estima-se as despesas ao longo de todo período ativo dos benefícios na ordem R$50,44 bilhões, percebe-se que o INSS não é o dono da verdade, institutos, associações, entre outros, possuem estudos divergentes do governo, razão pelo qual o plenário do STF, não poderá ater-se tão somente de dados apresentados pelo governo, com único objetivo de derrubar o direito dos aposentados em relação ao RE nº 1.276.977.

Vale mencionar que no julgamento de 21/03/2024, explicitamos os pontos polêmicos discutidos no plenário, notadamente, pelo fato dos ministros que votaram divergentes a revisão da vida toda, segundo eles foi no sentido de preservação do equilíbrio financeiro e atuarial, atualmente com um rombo de R$480 bilhões, constante na Lei de Diretrizes Orçamentárias.

Porém, o impacto financeiro defendido pela tese no julgamento realizado em 21/3/2024, das ADI´s nº 2110 e 2111, com um rombo de R$480 bilhões é contestado pelo ministro da Previdência Social, Carlos Lupi, ao afirmar que o valor da LDO é um "chutômetro"[37].

---

[37] ECONOMIA IG. **Cálculo da revisão da vida toda do INSS é chutômetro, diz Lupi**. Postado em 3/4/2024. Disponível em: https://www.economia.ig.com.br. Acesso em: 29/04/2024.

Vale mencionar que, o ministro Luís Roberto Barroso, atual Presidente do STF, no julgamento realizado em 21/03/2024, interrompeu aqueles ministros que estavam efetuando seus votos, buscando mencionar sobre a revisão da vida toda, tal atitude é verdadeira, considerando inclusive, que no seu voto, contém 12 parágrafos, sendo 1, relacionado às ADI`s e 11 sobre à revisão da vida toda, tirou carta da manga numa manobra jurídica, política e econômica, com a devida vênia, o ministro Luís Roberto Barroso, deveria ater-se em dados históricos inesquecíveis ao povo brasileiro.

De fato, a corrupção com um rombo nas finanças públicas chocou não somente nós brasileiros como também abalou à República e o mundo, envolvendo propinas a centenas de políticos, de prefeitos a presidentes com governanças corporativas privadas numa engrenagem de um sistema de corrupção pelas espúrias[38] relações entre Estado e Empresas.

Os brasileiros são sabedores que à corrupção é um gérmen que ocasiona prejuízos substanciais aos Cofres Públicos e não serão os proventos dos aposentados recalculados naquilo que lhe for mais favorável que vai "quebrar o país".

O Mensalão[39] entre 2003 e 2009, com esquema da Petrobrás com base de um pagamento mensal aos deputados do PP e do PL em troca de apoio ao governo com três núcleos: políticos, operacional e financeiro, com participação de políticos do PT, PP, PL (atual PR) e PTB, estavam envolvidos no esquema, com prejuízos aos cofres públicos de R$101,6 milhões a R$1,3 bilhões,

---

[38] GASPAR, Malu. **A Organização: A Odebrecht e o Esquema de Corrupção que Chocou o Mundo**. 1ª edição. São Paulo: Companhia das Letras, 2020, 640 p.6

[39] GONÇALVES, André. **Esquema da Lava Jato é pelo menos 20 vezes maior que o mensalão**. Publicado em 17/2/2015. Disponível em: https://www.gazetadopovo.com.br. Acesso em 25/3/2024.

participavam do esquema 44 empresas e 17 políticos.

Aliás, à corrupção a que se refere ao "capitalismo à brasileira"[40], os prejuízos aos Cofres Públicos, acreditamos não terem sido menores que a narrativa do ministro Luís Barroso, que sustentou "impactos financeiros que poderiam quebrar o país", caso fosse aprovada os direitos dos aposentados sobre a revisão da vida toda, inclusive prejudicando futuras gerações tomando por base o planejamento familiar.

Por sua vez, a Operação Lava Jato, completou 10 anos, com início em 17/3/2014, pela Policia Federal, com 80 fases a fim de combater uma rede de corrupção, incluindo a Petrobrás e empresas

---

[40] ALMEIDA, Edson Sebastião de. Capitalismo à Brasileira: O STF derruba a tese do RE nº 1.276.977, Tema 1102, em razão do equilíbrio financeiro e atuarial que não observado quebraria o país. Publicado em 2/4/2024. Disponível em: https://www.jornaljurid.com.br. Acesso em: 2/4/2024.

privadas e de economia mista, políticos e partidos, numa espúria relação entre Estado e Empresas.

Com isso, ocasionando um prejuízo aos Cofres Públicos na ordem de 2,1 bilhões a R$88,7 bilhões, onde participaram 232 empresas e de 40 a 60 políticos, em 2019, com 285 condenações, 600 réus e 3000 anos de pena[41].

No Brasil, tomando por base, a partir do ano de 1985, nos deparamos com inúmeros caso de corrupção.

Diante disso, no governo José Sarney (1985-1990)[42], existiram 7(sete) casos de corrupção, um deles foi o caso Chiarelli ou "Dossiê Chiarelli", o qual tratava-se do dossiê do Senador pela Bahia,

---

[41] FREIRE, Sabrina. **5 anos de Lava Jato: 285 condenações, 600 réus e 3000 de pena.** Publicado em 17/3/2019. Disponível em https://www.poder360.com.br. Acesso em 25/3/2024.

[42] PARTIDO DOS TRABALHADORES. **Poder e corrupção no capitalismo**. São Paulo: Fundação Perseu Abramo, ISBN 978-85-5708-095-9, 2017, p. 1-259.

Antônio Carlos Magalhães contra o Senador Carlos Chiarelli.

No governo Fernando Collor (1990-1993), ocorreram 20 (vinte) casos, entre eles, citamos: Anões do Orçamento, Escândalo do INSS e Esquema PC (Caso Collor). Já no governo Itamar Franco (1993-1994), foram 30 (trinta) casos, a exemplo, do Escândalo do INAMPS, Caso Nilo Coelho, Compra e Venda de Mandatos dos Deputados do PSD.

Por sua vez, no governo Fernando Henrique Cardoso (1995-2002), foram 44 (quarenta e quatro) casos, tais como: Escândalo do BNDES, Escândalo da Telebrás, Escândalo dos Precatórios, Escândalo do Judiciário, Escândalo da Sudene.

Também, no governo Luiz Inácio Lula da Silva (2003-2010), foram 110 (cento e dez), os casos de corrupções, a exemplo, do Escândalo dos Gastos Públicos dos Ministros, Escândalo do Mensalão, Caso dos dólares de Cuba, entre outros.

No governo Dilma Roussef (2011-2014), no primeiro semestre de 2013, começou uma nova operação da Policia Federal (PF), a fim de investigar crimes de corrupção, no caso a “Lava Jato”, naquela ocasião na visão da população a corrupção ganhou destaque, inclusive nos meios de comunicação.

Por essas razões, o processo de *impeachment* da presidenta Dilma Roussef, foi iniciado em abril de 2016, sendo afastada em maio, porém, em 31/08/2016, o Senado Federal depôs a presidenta por 61 votos a 20; entre as irregularidades no governo Dilma, podemos mencionar: Pegadinhas, Pedaladas e Conjunto da Obra.

Ainda, no governo Michel Temer, de 31 de agosto de 2016 a 1º de janeiro de 2019, foram 6 casos de corrupção, a exemplo, Castelo de Areia e porto de santos, os áudios ensurdecedores de Joesley, entre outros.

Por sua vez, no governo Jair Messias Bolsonaro, foram 17 casos de corrupção, tais como:

Rachadinhas, Funcionários Fantasmas, Vacinas, Interferências na Policia Federal, entre outros.

A corrupção no Brasil é conhecida pelos habitantes de outras nações como "jeitinho brasileiro", explicá-los é muito difícil, pois, ao elaborar o texto para fins de publicação do livro da minha autoria Crimes contra a ordem tributária: conflitos das normas de combate à sonegação fiscal com os novos paradigmas da era digital das modernas governanças corporativas públicas e privadas[43], um professor de Criminologia, nascido na Itália, perguntou-me: como você irá publicar tal livro num país do "jeitinho brasileiro"? Expliquei-lhe que, no Brasil ainda existe seriedade do seu povo.

---

[43] ALMEIDA, Edson Sebastião de. **Crimes contra a ordem tributária: conflitos das normas de combate à sonegação fiscal como os novos paradigmas da era digital das modernas governanças corporativas públicas e privadas**. Rio de Janeiro: Lumen Juris, 2014.

O presidente do STF, ministro Luís Roberto Barroso, mencionou no julgamento de 21/3/2024, no STF, sobre o planejamento familiar que as mulheres em 1960, tinham em média 6 filhos, hoje possuem em média 2 filhos, o que seria um ponto positivo.

Porém, mencionou que impacta gravemente à previdência social pelo fato de que com menos nascimento não haveria jovens para custear à previdência, com isso, segundo o ministro impactaria à previdência com muito menos nascimento o que prejudicaria o sistema alegando que "o país quebraria".

Ora, a narrativa nos remete aos idênticos episódios das espúrias relações entre Estado e empresas, isto é, "capitalismo à brasileira" é o que presenciamos com as anomalias decorrentes do institucionalismo, em que prevalece o marketing institucional em detrimento da realidade dos fatos, a exemplo do que ocorre com os <u>baixos proventos dos aposentados no Brasil após sujeitarem-se a uma</u>

escravidão moderna[44] das sociedades empresariais privadas durante décadas consolidada pelo INSS quando da aposentadoria.

Vale ressaltar que o suposto rombo de que se fala ocasionado pelos beneficiários do INSS, oriundos das sociedades empresárias privadas, talvez das governanças corporativas públicas, bem como o impacto financeiro que expõe o INSS no RE nº 1.276.977/RG-DF, data vênia, não tenha sido maior do que o custo do judiciário pela judicializacão, bem como do aumento da carga tributária em decorrência da falta de controle dos gastos públicos e da corrupção.

Além do mais, pergunta-se: os elevados gastos públicos sem controle que ocasionaram os

---

[44] ALMEIDA, Edson Sebastião de. **Aposentados: Escravidão Moderna Imposta pelo INSS x Aposentadoria Revisão da Vida Toda, julgamento do Tema 1102 no STF, Quem Vencerá?** São Paulo: Revista Síntese Trabalhista e Previdenciária, v. 32, nº 389. 2021. p. 89-103.

aumentos da carga tributária para cobrir Orçamento Anual são menores que qualquer reajuste dos proventos da aposentadoria? Acreditamos que não, pois as revisões são especificas e o rombo em relação aos reajustes que constam nas peças do RE nº 1.276.977/RG-DF não traduzem uma realidade, aliás, é no mínimo discutível.

Enfim, não há sentido lógico-jurídico e nem ético em não conceder "melhor qualidade de vida" ao aposentado efetuando reajustes em seus proventos, por essa razão, o julgamento do Tema 1102, da Repercussão Geral do RE nº 1.276.977/RG-DF, referente às demandas denominadas "revisão da vida toda", requer que seja favorável ao aposentado e não à União (INSS), conforme presenciamos no malfadado julgamento realizado no STF, em 21/3/2024.

Em qualquer ideologia de governo prevalece a "mais-valia", quer seja pela teoria marxista quanto a teoria do liberalismo, o último julgamento no STF no dia 21/03/2024, data vênia, nos conduziu ao entendimento que estamos diante de um novo paradigma de ordem política, onde o ex-advogado do PT, hoje ministro obteve êxito na tentativa de derrubar o direito dos aposentados conquistado no Plenário do STF no dia 1º de dezembro de 2022.

No contexto em que vive aquele aposentado no País é vergonhoso em termos de isonomia dentro do direito com equalização das normas e dos procedimentos jurídicos entre indivíduos, garantindo que a lei será aplicada igualitária entre as pessoas, considerando as desigualdades para aplicação das normas, aliás, as pessoas são seres particulares e por esse motivo tem suas particularidades que as fazem únicas.

Não obstante, há situações que para um segmento da sociedade tudo é possível para outro não e se por acaso consiga é com as amarras do Poder Público. Diante disso, em termos comparativos mostraremos o que é uma aposentadoria de um trabalhador segurado do Instituto Nacional do Seguro Social – INSS e de um parlamentar segurado pela Seguridade Social Congressista – PSSC[45].

Em vista disso, com base no Decreto Legislativo nº 172/2022[46], o salário de um Deputado Federal é de R$39.293,32, a partir de 1º de janeiro de 2023 e de R$41.650,92, a partir de 1º de abril de 2023, sendo de R$44.008,52, a partir de 1º de fevereiro de 2024 e, de R$46.366,19, a partir de 1º de fevereiro de 2025.

---

[45] ALMEIDA, Edson Sebastião de. **Revisão da Vida Toda: os Embargos de Declaração do INSS Denotam Que os Aposentados Continuam Reféns das justiças e Injustiças em Via de Mão Dupla dos Três Poderes, Cujo Cenário Político Nacional Não Se Modifica.** São Paulo: Revista Síntese Trabalhista e Previdenciária, v. 34, nº 413. 2023. p. 57-80.

[46] BRASIL. Câmara dos Deputados. **Salários de Deputados e descontos por faltas**. Disponível em: https://www.camara.leg.br. Acesso em: 15/05/2023.

Vale mencionar que no salário não constam os benefícios extras, com isso, ao serem somados cada deputado federal[47] terão aproximadamente um valor de R$168,6 mil por mês, com isso, os 513 parlamentares custam em média 86 milhões ao mês e um custo anual de aproximadamente de R$ R$1 bilhão.

Ainda, a Lei do Plano de Seguridade Social dos Congressista-PSSC, Lei nº 9.506/1997, prevê aposentadoria[48] com proventos proporcionais ao tempo de mandato que são calculados a razão de 1/35 (um trinta e cinco avos), por ano de mandato, porém, é obrigatório ter 35 anos de contribuições e 60 anos de idade.

---

[47] GUIA CARREIRA. **Descubra quanto ganha um deputado federal**. Disponível em: https://www.guiacarreira.com.br. Acesso em: 15/05/2023.

[48] BRASIL. Câmara dos Deputados. **Conheça o valor do salário de um deputado e demais verbas parlamentares**. Disponível em: https://www.camara.leg.br. Acesso em: 15/05/2023

Dessa forma, acreditamos que o custo da aposentadoria de um parlamentar é bem mais elevado daqueles valores de aposentadoria da revisão da vida toda, os quais o INSS, representado pela Advocacia-Geral da União, vem sustentando que os pagamentos aos aposentados terão um grande impacto no orçamento da Seguridade Social nos próximos anos, segundo o presidente do STF, ministro Luís Barroso, "quebraria o país" ao fazer referência ao tema sobre planejamento familiar, o qual mencionamos anteriormente.

Mas, será que esses impactos a que se refere o INSS, representado pela Advocacia-Geral da União será maior do que aquelas aposentadorias pagas aos parlamentares da Câmara dos Deputados, Senado, ex-Presidente da República, ex-Governadores, militares, entre outros? No contexto em que discorremos deixo para reflexão dos leitores.

Nesse sentido, não podemos deixar de discorrer sobre os servidores públicos civis e militares, pois, a imprensa escrita e falada tem noticiado que a previdência dos militares custará 856 bilhões nas próximas décadas, sendo que 60% do referido valor será para servidores civis aposentados, isto é, 1 trilhão e meio de reais.

Porém, ressalvamos que os militares não possuem previdência e sim um sistema de proteção social, isto é, uma pensão seja o militar da ativa ou inativa até a morte, cujo encargo financeiro é do Tesouro Nacional, em outras palavras quem paga é o povo, segundo o Presidente do INSS, Alessandro Stefamutto, defendeu "mudanças no regime de Previdência dos Militares que reduzem seu déficit"[49]

---

[49] MOLITERNO, Danilo. **Mudanças que reduzam o déficit na Previdência de militares são necessárias, diz o presidente do INSS à CNN**. Publicada em 20/6/2024. Disponível em: https://www.cnnbrasil.com.br. Acesso em: 6/7/2024.

Vale mencionar que a Lei nº 3.765, de 4/5/1960[50], dispõe sobre as pensões dos militares, no seu §4º, art. 3º, prevê que somente a partir de 1º de janeiro de 2025, ela poderá ser alterada.

Por sua vez, face os noticiários sobre o déficit das Forças Armadas, o presidente Luiz Inácio Lula da Silva, mencionou na imprensa que não efetuará nenhuma mudança em data anterior prevista na lei, isto é, 1º/1/2025.

Porém, o leitor poderá observar que estamos em via de mão dupla, pois, no Governo Bolsonaro foram efetuadas alterações, sancionando à Lei nº 13.954, de 16/12/2019, no sentido de reestruturar a carreira militar e dispor Sistema de Proteção Social dos Militares, isto é, "pensões dos Militares".

---

[50] BRASIL PRESIDÊNCIA DA REPÚBLICA. **Lei nº 3.765, de 4 de maio de 1960. Dispõe sobre as Pensões Militares**. Disponível em: https://www.planalto.gov.br. Acesso em: 6/7/2024.

Enfim, o TCU critica privilégios de aposentadoria dos militares[51] e que o déficit per capita do regime de previdência dos militares é 16 vezes superior ao do INSS.

Assim, reportando-nos o exercício de 2023, o TCU, informou que os aposentados e pensionistas do INSS gera um déficit per capita de R$9,4 milhões por ano, os servidores públicos civis R$69 milhões, por sua vez, os militares R$159 milhões por cada beneficiário, os três regimes totalizam R$428 bilhões.

O autor, do artigo: "TCU critica privilégios de aposentadoria militar déficit per capita é 16 vezes maior que o do INSS", mencionou o voto no TCU, do ministro Walton Alencar, concluindo:

---

[51] RITTNER, Daniel; CURY, Daniel. **TCU critica privilégios de aposentadoria militar déficit per capita é 16 vezes maior que o do INSS**. Publicado em 12/6/2024. Disponível em: https://www.cnnbrasil.com.br. Acesso em: 6/7/2024.

> Em síntese, imprescindível para o País a reflexão e a avaliação sérias sobre a necessidade de implementar mudanças no SPSMFA [sistema de proteção social dos militares], com o objetivo de torna-lo consentâneo com o contexto nacional, no qual a manutenção de privilégios, em relação aos demais trabalhadores, às custas da sociedade, é cada vez menos aceitável, diante da difícil situação fiscal do país e dos naturais anseios sociais pela moralidade e isonomia.

Nesse contexto, não é necessário muito esforço para ter uma ideia sobre os proventos dos aposentados do INSS, os quais a fim de não receber o seu direito conquistado no STF, são impedidos pelos fatos os quais mencionamos no texto argumentativo.

De fato, quem trabalha nas empresas privadas, autônomos, profissionais liberais, empreendedor do MEI, trabalhador doméstico, entre outros, mesmo que recebam na atividade salários ou pró-labores, acima do teto máximo eles provavelmente receberão o valor de R$7.786,02, que é o teto máximo para o exercício de 2024; quando aposentarem receberão o valor limite do teto máximo, inclusive ficarão sujeitos às regras de cálculo do INSS, para fins de proventos da aposentadoria que é uma escravidão moderna.

Em outras palavras, os beneficiários do INSS, diferentemente dos funcionários públicos civis e militares lotados nos órgãos dos Três Poderes, quando da inatividade os seus proventos serão pela integralidade, a exemplo, do salário recebido na atividade, conforme, demonstramos os seus direitos por meio da Seguridade Social dos Congressista-PSSC, do Sistema de Proteção Social dos Militares e dos Servidores Civis, isto é, será o mesmo valor com base no último salário quando estavam na atividade, que certamente, data vênia, serão superiores ao teto máximo do INSS.

Além do mais, o atual Governo Lula caberia definir sua estratégica orçamentária em benefício dos aposentados da revisão da vida toda, pois, as medidas tomadas atualmente por intermédio do INSS, representada pela Advocacia-Geral da União não são diferentes daquelas tomadas na época do Governo Bolsonaro que retratou um continuísmo na política da seguridade social, isto é, no Governo Lula tem demonstrado pior daquele do governo Bolsonaro, pois, por intermédio do seu ex-advogado, o ministro Cristiano Zanin, buscou colocar uma pá de cal no RE nº 1.276.977/RG-DF, Tema 1102, da "revisão da vida toda".

Assim, com base em nosso texto argumentativo acreditamos que requer uma análise mais profunda notadamente pelo STF, pois, observa-se que não foi em relação ao equilíbrio financeiro e atuarial do sistema, pois, o motivo fundamental no julgamento realizado em 21/3/2024, na Corte Maior, digamos que tenha sido uma premissa equivocada de derrubada do direito aos aposentados sobre a revisão da vida toda.

Além do mais, conforme previsto na CF/1988, bem como, pacificado pelo STF em suas jurisprudências a natureza jurídica das contribuições sociais é tributária, isto é, ela não está mais à margem do sistema tributário.

Por essa razão, há normas sobre à arrecadação e a sua distribuição em harmonia com a Lei de Diretrizes Orçamentárias – LDO, como amplamente discorremos no texto argumentativo, pois, não são os aposentados responsáveis da narrativa do Presidente do STF, ministro Luís Roberto Barroso: "quebrar o país", o IPEA[52], em seus estudos, nos esclarece categoricamente:

---

[52] COSTANZI, Rogerio Neganime; FERNANDES, Alexandre Zioli; ANSILERO, Graziela. **O Princípio Constitucional de Equilíbrio Financeiro e Atuarial no Regime Geral de Previdência Social: tendências recentes e o caso da regra**

O equilíbrio atuarial, por sua vez, implica a elaboração de cálculos envolvendo uma série de variáveis (por exemplo: indicadores demográficos, indicadores de mercado de trabalho e hipóteses embasadas estatística e normativamente acerca do comportamento de grupos ou indivíduos segurados pelo sistema), pois visa a necessidade de avaliar a sustentabilidade do sistema no longo prazo, em um horizonte temporal bastante amplo. O equilíbrio atuarial, portanto, implicaria a existência de reservas e/ou investimentos suficientes para o cumprimento dos compromissos atuais e também daqueles projetados para o futuro, levando em conta os benefícios programáveis e de

---

85/95 progressiva. Texto para discussão. p. 14. Disponível em: http://www.ipea.gov.br. Acesso em: 24/03/2024.

risco cobertos pelo sistema previdenciário.

Nesse sentido, considerando que as contribuições sociais estão contidas no Sistema Tributário Nacional e não à margem, os eminentes ministros que votaram no sentido de derrubar à revisão da vida toda e o INSS, agiu de forma enganosa, opondo resistências injustificadas sobre a tramitação processual, com isso, data vênia, faltou ética do serviço público não respeitando o bem-estar social dos aposentados.

Nesse contexto, aqueles ministros do STF os quais votaram contra à revisão da vida toda é de ser questionado se eles já efetuaram os cálculos sobre as possíveis ações dos aposentados sobre repetições de indébitos tributários.

De fato, é do nosso conhecimento que um aposentado após obter sua concessão da aposentadoria, ele continuou trabalhando por mais

18 anos, sendo descontado do seu salário em seu contracheque o valor da contribuição social, neste caso em questão ele figura como uma terceira pessoa vinculado ao fato gerador.

Por outro lado, é uma aberração constitucional um beneficiário da seguridade social, ter contribuído para o INSS, em todo seu período laboral de 46 anos e na maioria do referido tempo ele ter contribuído pelo teto máximo e ao aposentar-se os proventos serem menores que 3 (três) salários mínimos.

Vale mencionar que, trata-se de um "capitalismo à brasileira", em que prevalece o marketing institucional em detrimento da realidade dos fatos, a exemplo do que ocorre com os baixos proventos dos aposentados no Brasil após sujeitarem-se a uma escravidão moderna das sociedades empresariais privadas durante décadas consolidada pelo INSS.

Por essa razão, percebe-se que quando o beneficiário estava na atividade em relação à distribuição de renda ele figurava na pirâmide com status social na classe média alta ao aposentar-se pelo INSS, deslocou-se para classe média baixa, mais idoso, necessitando de cuidados no que diz respeito à saúde, aliás, nesse contexto, vale mencionar que 90% dos brasileiros[53] ganham menos de R$3.500,00, o que caracteriza o Brasil um país de pobre.

Por essa razão, com à reviravolta no julgamento do dia 21/3/2024, no STF, com a possibilidade do próximo julgamento do RE nº 1.276.977, Tema 1102, o direito dos aposentados ser descartado pela maioria dos ministros do STF, ocorrerá que todas contribuições pagas e retidas no contracheque do aposentado após ele ter requerido sua aposentadoria junto ao INSS, elas serão

---

[53] MOTA, Camilla Veras. **Calculadora de renda: 90 dos brasileiros ganha menos de R$3.500,00, confira sua posição na lista**. Publicado em 13/02/2021. Disponível em: https://www.bbc.co. Acesso em 29/3/2024.

caracterizadas indevidas, no caso do direito ao melhor benefício favorável aos aposentados for descartado pelo STF.

Nesse caso, data vênia, o pagamento poderá ser caracterizado como tributo indevido, pois, o sistema atuarial é no sentido de proteger os beneficiários, conforme, mencionamos neste texto argumentativo sobre o artigo do IPEA e não de prejudicá-los devendo os ministros seguirem as normas constitucionais em benefícios dos aposentados; por outro lado, a contribuição social não está à margem do Sistema Tributário Nacional.

Por esse motivo, em relação ao tributo indevido deverá seguir as normas relacionadas ao tributo com repetição de indébito tributário favorável ao aposentado pelo fato do sistema atuarial não lhe ter beneficiado, data vênia, configurando crime de apropriação indébita previdenciária (art. 168-A, do CP).

Pois, entendemos que às contribuições que foram pagas e descontadas dos seus salários do trabalhador e considerando que ele ao aposentar o sistema atuarial não cumpriu o seu papel no caso da revisão da vida toda, referente um direito futuro do próprio segurado ou estamos diante de uma ação obstrutiva de um sistema parasitário? Deixo para reflexão dos leitores.

Não obstante, em relação às conquistas de direitos, bem como, das obrigações de fazer e pagar dos órgãos públicos o credor está diante de uma situação gravíssima de justiças e injustiças pactuadas por intermédio dos Três Poderes em via de mão dupla em decorrências das amarras institucionais.

De fato, há duas situações distintas uma refere-se aos processos que estão na justiça com sobrestamento os quais serão movimentados, por sua vez, a outra refere-se aqueles aposentados que não litigaram os quais deverão interpor uma ação revisional por tratar-se de uma tese jurídica[54], sendo protocolada administrativamente no INSS, correrão o risco de serem indeferida por falta de previsão legal.

Na obrigação de fazer e pagar do INSS, além das rotinas *internas corporis* das Governanças da Administração Pública somos sabedores que os ritos processuais são morosos previstos nas normas da Lei nº 13.105, de 16/03/2015, que aprovou o CPC[55], bem como, a União possui dilação de prazos, a partir da intimação pessoal que far-se-á por carga, remessa ou meio eletrônico.

Também, outra questão que poderá ser debatida é o fato de que o aposentado uma vez, não obtendo sucesso no plenário do STF, no próximo

---

[54] SINTEP-MT. Aposentados já podem pedir a revisão da vida toda ao INSS, decide o Supremo. Disponível em: https://sintep.org.br. Acesse em 16/4/2022.

[55] ANGHER, Anne Joyce. **Vade Mecum Acadêmico de Direito Rideel**. 27. ed. São Paulo: Rideel, 2018, p. 274.

julgamento do RE nº 1.276.977, devida vênia, ele não poderá ser penalizado no pagamento dos honorários de sucumbência.

Pois, não poderá ser em desfavor da parte recorrente de origem, tendo em vista inúmeras procrastinações da parte Ré, ou seja, o INSS, sendo caracterizada como litigância de má-fé, culminando com a manobra jurídica de cunho político desfavorável aos aposentados.

À imprensa de uma maneira geral, manifestou por meio de inúmeras manchetes mencionando que o STF, derrubou a tese da revisão da vida toda, também, denotando para opinião pública uma conotação política e econômica, ocasionando muitas dúvidas.

Nas contingências das ADI´s, na modulação elas não tem efeito para trás, pois, o mérito do RE nº 1.276.97, Tema 1102, da revisão da vida toda foi julgado no dia 1º/12/2022, com Acórdão favorável aos aposentados, enquanto as referidas ADI´s foram julgadas em 21/3/2024, com isso, a natureza processual e fases são diferentes.

O voto vencedor deixou várias lacunas na medida em que não foram mencionados procedimentos em relação aos aposentados, tais como: ações judiciais com trânsito em julgado favorável, cujo valor pleiteado foi recebido pelo aposentado; aposentados que obtiveram sentença favorável, cujo processo encontra-se com status de sobrestamento, até decisão definitiva do STF, neste caso, entendemos que deve ser respeitada a coisa julgada, a fim de não ocasionar insegurança jurídica às decisões judiciais; entre outras.

Vale mencionar que, em termos do Direito Processual vem ocorrendo situações nos julgamentos relacionados à revisão da vida toda, numa tentativa de derrubada do direito conquistado pelos aposentados no dia 1º/12/2022, que poderão confundir os acadêmicos de direito, inclusive profissionais do direito, a exemplo de pontos os quais já mencionamos.

Nesse sentido, podemos nos reportar os ensinamentos da Dra. Tereza Arruda Alvim[56], sobre sentença, decisão interlocutória, despacho e acórdão, no seu artigo, esclarece:

> Diferentemente, se passa com a decisão de Tribunal. "A decisão, propriamente dita, não nasce do

---

[56] ALVIM, Tereza Arruda. **O momento da eficácia de um precedente**. Publicado em 4/9/2020. Disponível em: https:www.migalhas.com.br. Acesso em: 3/7/2024.

acórdão, senão que ela emerge inteira e exaurientemente do ato coletivo de julgamento. O resultado do julgamento passa a ser conhecido na sessão de julgamento, em que o recurso tenha sido julgado, onde o relator e revisor leem os seus votos e o terceiro juiz, igualmente, vota. O que se lhe segue diz respeito, única e exclusivamente, à publicidade ulterior à sessão (porque ao julgamento se haverá de ter dado prévia publicidade); o que se segue à sessão de julgamento diz respeito, apenas e tão-somente, à documentação do que foi decidido. Por isto, parece ressaltar evidente que os efeitos do julgamento nascem e se exaurem no momento em que se realiza e termina o julgamento. O que se segue, como se disse, é mera e estrita documentação". Quando se tratar de acórdão, tem-se como publicada a decisão no momento

> em que o presidente do órgão julgador anuncia publicamente o resultado do julgamento. A proclamação do resultado encerra o julgamento, estejam ou não as partes presentes. A lavratura do acórdão é mera documentação do que foi decidido.

Ora percebe-se que em relação à revisão da vida com seu direito adquirido no dia 1º/12/2024, surgiram uma avalanche de supostas medidas judiciais seja por parte do Réu, no caso à União, bem como, de alguns ministros do STF, que adotaram estratégicas para uma possível derrubada de um direito adquirido do aposentado com medidas que estão na contramão do Direito Processual.

O leitor poderá observar que na tramitação processual do julgamento realizado no dia 1º/12/2022 e a Ata de Julgamento foi no dia

5/12/2022, o resultado do julgamento tem eficácia para fins de seus efeitos vinculantes de uma decisão e não à publicação do acórdão que retrata tão somente do que foi decidido nem tão pouco às modulações de efeitos, pasmem, muito menos o julgamento de 21/3/2024, das ADI`s nºs 2110 e 2.111, que trata sobre concessão de benefícios previdenciários sobre salário-maternidade, salário-família e fator previdenciário.

Vale mencionar que, após o julgamento realizado em 21/3/2024, das ADI´s, gerou uma avalanche de informações as quais ocasionaram uma temeridade para os aposentados e uma insegurança jurídica para aqueles que militam com o direito.

Pois, há artigos de opinião de diversas plataformas, vídeos do Youtube, jornais, revistas, entre outros canais de comunicações, que divulgaram temas relevantes que requer o debate de todos, temos observado no canal do Youtube, profissionais do direito que são verdadeiros guardiões da revisão da vida toda, a exemplo, dos advogados Carlos Mendes, Murilo Aith, Professor Nakamura e outros merecedores pelo empenho em prol dos aposentados sobre à revisão da vida toda.

Entretanto, percebemos que há por parte do STF, silêncio e procrastinações sobre a revisão da vida toda, porém, os temas os quais nos referimos são merecedores de um posicionamento da Corte Maior, através da realização do julgamento dos embargos de declaração, ora pendente que deram margem à manobra jurídica dos julgamentos das ADI´s em 21/3/2024.

De fato, efetivamente a nova configuração proposta no julgamento realizado em 21/3/2024, ocasionará consequências sociais caso haja derrubada da revisão da vida toda, gerando aos aposentados instabilidades financeiras e danos morais, sendo necessário reorganizar os seus orçamentos de maneira drástica, podendo, inclusive ocasionarem problemas de saúde pela idade avançada, por isso, não pode e não deve ficar alheio ao nefasto golpe de derrubada do direito a revisão da vida toda, aqueles com poder de decisão do País.

Também, as mudanças pela EC nº 103, de 2019, terão repercussão na aposentadoria dos portadores de doenças graves, face a divergência do princípio constitucional da irredutibilidade do valor dos benefícios.

O Instituto de Estudos Previdenciários (IEPREV), recorreu ao Supremo Tribunal Federal (STF), em 31/5/2024, por meio de Embargos de Declaração nas ADI´s nºs 2.110 e 2.111, em relação à revisão da vida toda, pois, no julgamento não foi reconhecido a força vinculante dos Temas 334 e 1.102, os quais asseguram o direito ao melhor benefício, aos aposentados que se insurgirem até a data da publicação do acórdão embargado em 21/3/2024, os quais fazem jus ao direito da revisão da vida toda.

Porém, à AGU não protocolou às contrarrazões sobre os Embargos de Declaração, opostos pela IEPREV, cujo prazo expirou em 12/06/2024, informado na tramitação processual do STF, o seguinte: "Certidão de ausência de manifestação".

O prazo foi de 5 dias corridos à União nesse caso não tem o prazo em dobro por ser controle concentrado, mesmo assim perderia o prazo, no caso de interpor após esse prazo o recurso será intempestivo.

Não obstante, à Advocacia-Geral da União (AGU), protocolou às contrarrazões em 20/6/2024, não apresentando nada de diferente além da mesma retórica dos recursos anteriores sobre impacto financeiro, entre outros, que é de conhecimento do meio jurídico, ou seja, o conteúdo em termos processuais é muito fraco para elucidação do direito.

Todavia, quem decidirá será o relator Nunes Marques, no sentido de considerar às contrarrazões intempestiva ou não, muito embora, à alegação da AGU foi que a mesma não foi intimada pessoalmente, mas, há normas no próprio STF, no sentido de que a comunicação poderá ser digitalizada, conforme é adotado em todos tribunais do País.

Enfim, institutos, associações, entre outros, possuem estudos divergentes do governo, razão pelo qual o plenário do STF, não poderia ater-se tão somente dos dados apresentados pelo Poder Executivo.

Retomando às tramitações processuais junto ao STF, a pedido do ministro Alexandre de Moraes[57], o ministro Luís Roberto Barroso, retirou a pauta da lista de julgamentos do RE nº 1.276.977, por isso, não há previsão do RE, retornar a pauta, inclusive a partir de 2/7/2024 até 31/7/2024, o STF

---

[57] INFORMONEY. **Revisão da vida toda: STF adia julgamento de recurso a pedido de Alexandre de Moraes**. Postado em 2/4/2024. Disponível em: https://www.informoney.com.br. Acesso em: 29/4/2024.

está de férias forenses, retornando no dia 1º/8/2024, vale mencionar que até o momento não consta no calendário do presidente, ministro Luís Roberto Barroso a pauta de julgamento da revisão da vida toda.

Por essas razões, concluímos que havendo derruba da tese sobre a revisão da vida toda no julgamento o qual não tem data marcada, alguns pontos os quais mencionamos no texto argumentativo com a devida vênia entendemos que deverão ser considerados pela Corte Maior do País.

3 – CONSIDERAÇÕES FINAIS

A fim de sensibilizar a opinião pública, o INSS, através de seu representante à Advocacia Geral da União, percebemos que foi adotada uma manobra jurídica relacionada ao equilíbrio financeiro e atuarial com argumento de um rombo de 480 bilhões que poderá "quebrar o país".

Nesse sentido, mostramos que não são os recálculos mais favoráveis aos aposentados defendida na tese da revisão da vida toda, conquistada no julgamento do STF, no dia 1º/12/2022, que segundo o Presidente do STF, ministro Luís Roberto Barroso: “quebraria o país” com a mesma retórica do INSS; mas mostramos que não são verdadeiras tais afirmações.

De fato, somos sabedores que o sistema atuarial é no sentido de proteger os beneficiários, conforme, poderá ser observado em nossa citação sobre os esclarecimentos do IPEA, que o sistema adota medidas em prol dos aposentados e não de prejudicá-los devendo os ministros não considerar tão somente em dados apenas do Poder Executivo, neste caso do INSS, bem como, fazer prevalecerem às normas constitucionais e as jurisprudências do próprio STF, em benefícios dos aposentados.

Diante disso, o ministro da Previdência Social, Carlos Lupi, contestou os gastos estimados em R$480 bilhões na LDO, denominando-os de "chutômetro", argumentando inclusive que: "a falta de dados precisos qualquer cálculo se torna uma mera especulação, sem base concreta sobre quem poderia ser beneficiado".

Ainda, mostramos que os beneficiários do INSS, diferentemente dos funcionários públicos civis e militares lotados nos órgãos dos Três Poderes, quando da inatividade os seus proventos serão pela integralidade.

De fato, o salário recebido na atividade, conforme, demonstramos os seus direitos por meio da Seguridade Social dos Congressista-PSSC, do Sistema de Proteção Social dos Militares e dos Servidores Civis, isto é, será o mesmo valor com base no último salário quando estavam na atividade, que certamente, data vênia, serão superiores ao teto máximo do INSS.

Assim, reportando-nos o exercício de 2023, o TCU, informou que os aposentados e pensionistas do INSS gera um déficit per capita de R$9,4 milhões por ano, os servidores públicos civis R$69 milhões, por sua vez, os militares R$159 milhões por cada beneficiário, os três regimes totalizam R$428 bilhões

Também, mostramos aos leitores outro ponto o qual deverá ser considerado é no sentido de que o gérmen da corrupção é que efetivamente poderá "quebrar o país" e não os recálculos mais favoráveis aos aposentados defendida na tese da revisão da vida toda, conquistada no julgamento do STF, no dia 1º de dezembro de 2022, nesse sentido, não se prospera à tese do ministro Cristiano Zanin, acompanhada por seis ministros.

Por sua vez, discorremos sobre à prescrição e decadência em alguns jornais, revistas, portais eletrônicos e escritórios de advocacias, tem se manifestado que o prazo é de 10 (dez) anos. Mas, não é bem assim, pois, o ministro Alexandre de Moraes, já manifestou que o STF, possui entendimento sobre prazo decadencial para ações revisionais, previsto no Tema 313 da repercussão geral, interpretado no que foi decidido na ADI nº 6096.

Ainda, o STF, no julgamento do RE 630.501-RS, decidiu que o prazo decadencial de 10 (dez) anos, previsto no art. 103, da Lei nº 8.213/1991, não se aplica ao aposentado, no sentido de que o pedido revisional não tem prazo decadencial.

Nós somos sabedores, que se trata de um direito adquirido, não havendo nenhum óbice no que que diz respeito ao lapso temporal da sua pretensão, aliás, o Tema 313, de 2/5/2012, não deixa nenhuma dúvida, data vênia, sendo derrotado o aposentado ele poderá impetrar outras ações contra o INSS, o direito não se esgota.

Além disso, há o reconhecimento do STF que o segurado do INSS, que administrativamente pleiteou revisão do seu benefício e não obteve resposta do órgão público o seu direito não prescreve.

Assim, somos sabedores que as jurisprudências do STF devem ser respeitadas e não ficarem à margem do direito conquistado, pois, nelas existem relevância econômica, jurídica, política e social.

Enfim, concluímos que havendo derrubada da tese sobre à revisão da vida, alguns pontos deverão ser considerados pela Corte Maior do País. A primeira é o fato que determinado aposentado teve o INSS, pago e retido em seus contracheques na atividade após ele ter requerido sua aposentadoria, com a devida vênia, ele poderá efetuar ação de repetição de indébito tributário, caracterizando tributo indevido.

O pagamento poderá ser caracterizado como tributo indevido havendo repetição de indébito tributário favorável ao aposentado pelo fato do sistema atuarial não lhe ter beneficiado, configurando crime de apropriação indébita previdenciária (art. 168-A, do CP).

Também, outra questão que poderá ser debatida é o fato de que o aposentado uma vez, não obtendo sucesso no plenário do STF, no próximo julgamento do RE nº 1.276.977, ele não poderá ser penalizado no pagamento dos honorários de sucumbência.

Pois, não poderá ser em desfavor da parte recorrente de origem, tendo em vista inúmeras procrastinações da parte Ré, sendo caracterizada como litigância de má-fé, culminando com a manobra jurídica de cunho político e econômico desfavorável aos aposentados não prevalecendo os aspectos jurídicos e sociais, cujo capitalismo à brasileira é indiferente às necessidades da sociedade.

Também, mostramos que existem algumas aberrações processuais que não sobrepõem as normas constantes do Código de Processo Civil, aprovado pela Lei nº 13.105, de 16/03/2015.

Ante o exposto, o aposentado do INSS, na base do direito ele tem valor absoluto, não podendo ser tratado como indigno abalando sua integridade física e moral e sim com seu valor comum de cada cultura humana com dignidade da pessoa humana, o que é prestigiada na CF/1988, caso contrário será um "Golpe ao Aposentado" com a "derrubada da revisão da vida toda", data vênia, com as devidas proporções assemelha-se ao "Golpe de Estado", com tentativa de "derrubada da democracia" em 8/1/2023.

4 - REFERÊNCIAS BIBLIOGRÁFICAS

AITH, Murilo. **O "dever" de diplomacia do ministro André Mendonça e o respeito com o aposentado**. Postado em 19/10/2022. Disponível em: https://www.conjur.com. br. Acesso em: 27/10/2022.

ALMEIDA, Edson Sebastião de. **Crimes contra a ordem tributária: conflitos das normas de combate à sonegação fiscal como os novos paradigmas da era digital das modernas governanças corporativas públicas e privadas.** Rio de Janeiro: Lumen Juris, 2014.

____________. **Julgamento sobre revisão da vida toda foi favorável aos aposentados, placar 6x5, derrubado o pedido de destaque do Ministro Nunes Marques, prevaleceu a força de Têmis: verdade, equidade e humanidade**. Postado em 24/07/2022. Disponível em: https://www.jornalalerta.com.br. Acesso em: 24/07/2022.

____________. **Aposentados: Escravidão Moderna Imposta pelo INSS x Aposentadoria Revisão da Vida Toda, julgamento do Tema 1102 no STF, Quem Vencerá?** São Paulo: Revista Síntese Trabalhista e Previdenciária, v. 32, nº 389. 2021. p. 89-103.

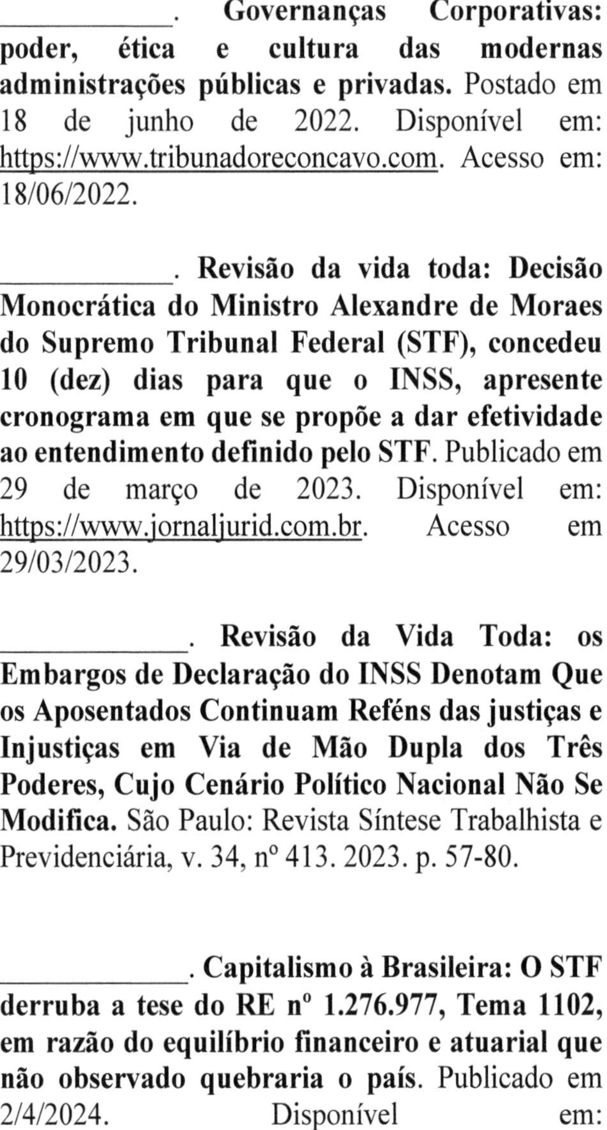

___________. **Governanças Corporativas: poder, ética e cultura das modernas administrações públicas e privadas.** Postado em 18 de junho de 2022. Disponível em: https://www.tribunadoreconcavo.com. Acesso em: 18/06/2022.

___________. **Revisão da vida toda: Decisão Monocrática do Ministro Alexandre de Moraes do Supremo Tribunal Federal (STF), concedeu 10 (dez) dias para que o INSS, apresente cronograma em que se propõe a dar efetividade ao entendimento definido pelo STF**. Publicado em 29 de março de 2023. Disponível em: https://www.jornaljurid.com.br. Acesso em 29/03/2023.

___________. **Revisão da Vida Toda: os Embargos de Declaração do INSS Denotam Que os Aposentados Continuam Reféns das justiças e Injustiças em Via de Mão Dupla dos Três Poderes, Cujo Cenário Político Nacional Não Se Modifica.** São Paulo: Revista Síntese Trabalhista e Previdenciária, v. 34, nº 413. 2023. p. 57-80.

___________. **Capitalismo à Brasileira: O STF derruba a tese do RE nº 1.276.977, Tema 1102, em razão do equilíbrio financeiro e atuarial que não observado quebraria o país**. Publicado em 2/4/2024. Disponível em:

https://www.jornaljurid.com.br. Acesso em: 2/4/2024.

ALVIM, Tereza Arruda. **O momento da eficácia de um precedente**. Publicado em 4/9/2020. Disponível em: https:www.migalhas.com.br. Acesso em: 3/7/2024.

ANGHER, Anne Joyce. **Vade Mecum Acadêmico de Direito Rideel**. 27. ed. São Paulo: Rideel, 2018, p. 274.

BRASIL. Advocacia-Geral da União. Procuradoria-Geral Federal. **Pedido de suspensão nacional de processo. RE nº 1.276.977/DF-Tema 1102/STF**. Recorrente: Instituto Nacional de Seguros Social-INSS, Recorrido: Vanderlei Martins de Medeiros, Procuradoria-Geral: Adriana Maia Venturini, emitido em 07/02/2023, protocolado no STF em 13/02/2023. Disponível em: https://www.stf.jus.br. Acesso em: 14/03/2023.

BRASIL. Câmara dos Deputados. **Salários de Deputados e descontos por faltas**. Disponível em: https://www.camara.leg.br. Acesso em: 15/05/2023.

BRASIL PRESIDÊNCIA DA REPÚBLICA. **Lei nº 3.765, de 4 de maio de 1960. Dispõe sobre as Pensões Militares**. Disponível em: https://www.planalto.gov.br. Acesso em: 6/7/2024.

BRASIL. PRESIDÊNCIA DA REPÚBLICA. **Lei nº 8.213, de 24 de julho de 1991**. Dispõe sobre Planos de Benefícios da Previdência Social e dá outras providências. Disponível em: https://www.planalto.gov.br. Acesso em: 15/6/2021.

BRASIL. PRESIDÊNCIA DA REPÚBLICA. **Lei nº 9.876, de 26/11/1999**. Dispõe sobre a contribuição previdenciária do contribuinte individual, o cálculo do benefício, altera dispositivos das Leis nºs 8.212 e 8.213, ambas de 24 de julho de 1991, e dá outras providências. Disponível em: https://www.planalto.gov.br. Acesso em: 15/6/2021.

BRASIL. Supremo Tribunal Federal (STF). **Acórdão da Repercussão Geral do Recurso Extraordinário nº 1.276.977-DF, de 5/8/2020, julgamento de 27/8/2020**. Disponível em: https://www.stf.jus.br. Acesso em: 15/6/2021.

BRASIL. Supremo Tribunal Federal (STF). **Tema nº 1102 da Repercussão Geral, julgamento no Plenário Virtual em 21/6/2021, referente ao RE nº 1.276.977, de 25/8/2020, interposto pelo INSS.** Disponível em: https://www.stf.jus.br. Acesso em: 15/6/2021.

BRASIL. Superior Tribunal Federal (STF). **Tema nº 1102 da Repercussão Geral do Recurso Extraordinário nº 1.276.977-DF, de 5/8/2020, Voto Vista do Ministro Alexandre de Moraes em**

25/2/2022, no Plenário Virtual. Disponível em http://www.stf.jus.br. Acesso em 26/2/2022.

BRASIL. Superior Tribunal Federal (STF). **"Revisão da vida toda" é constitucional, diz o STF**. Disponível em: https://portal.stf.jus.br. Acesso em: 1/12/2022.

BRASIL. Supremo Tribunal Federal (STF). **Recurso Extraordinário 1.276.977, Distrito Federal. Inteiro Teor do Acórdão, páginas 1 de 192, de 1/12/2022**. Relator: min. Marco Aurélio, Redator do Acórdão: Min. Alexandre de Moraes. Réu: Instituto Nacional de Seguro Social – INSS. Autor: Vanderlei Martins de Medeiros. Disponível em: https://www.stf.jus.br. Acesso em: 13/04/2023.

BRASIL. Supremo Tribunal Federal. **Tema 313, publicado no DJe de 02/05/2012. Repercussão Geral no Recurso Extraordinário 626.489-RG/SE, de 16/09/2010**. Disponível em: http://www.stf.jus.br. Acesso em 26/04/2023.

BRASIL. Supremo Tribunal Federal (STF). **Acórdão da Repercussão Geral do Recurso Extraordinário nº 1.276.977-DF, de 5/8/2020, julgamento de 27/8/2020**. Disponível em: https://www.stf.jus.br. Acesso em: 15/6/2021.

BRASIL. Supremo Tribunal Federal (STF). **Recurso Extraordinário 1.276.977, Distrito Federal. Inteiro Teor do Acórdão, páginas 1 de**

192, de 1/12/2022. Relator: min. Marco Aurélio, Redator do Acórdão: Min. Alexandre de Moraes. Réu: Instituto Nacional de Seguro Social – INSS. Autor: Vanderlei Martins de Medeiros. Disponível em: https://www.stf.jus.br. Acesso em: 13/04/2023.

BRASIL. Supremo Tribunal Federal (STF). **STF define que segurado não pode escolher cálculo mais benéfico para benefício da Previdência**. Postado em 21/3/2024. Disponível em: https://portal.stf.jus.br. Acesso em: 26/03/2024.

CABRAL, José Alberto Ribeiro Simonetti; SANTOS, Ulisses Rabaneda dos. ORDEM DOS ADVOGADOS DO BRASIL – OAB. **Memorial, de 26/01/2024**. Disponível em: pc@oab.prg.br/www.oab..org.br. Acesso em: 25/02/2024.

COSTANZI, Rogerio Neganime; FERNANDES, Alexandre Zioli; ANSILERO, Graziela. **O Princípio Constitucional de Equilíbrio Financeiro e Atuarial no Regime Geral de Previdência Social: tendências recentes e o caso da regra 85/95 progressiva**. Texto para discussão. p. 14. Disponível em: http://www.ipea.gov.br. Acesso em: 24/03/2024.

ECONOMIA IG. **Cálculo da revisão da vida toda do INSS é chutômetro, diz Lupi**. Postado em 3/4/2024. Disponível em:

https://www.economia.ig.com.br. Acesso em: 29/04/2024

FREIRE, Sabrina. **5 anos de Lava Jato: 285 condenações, 600 réus e 3000 de pena**. Publicado em 17/3/2019. Disponível em https://www.poder360.com.br. Acesso em 25/3/2024.

GASPAR, Malu. **A Organização: A Odebrecht e o Esquema de Corrupção que Chocou o Mundo**. 1ª edição. São Paulo: Companhia das Letras, 2020, 640 p.6

GOES, Severino. ***Amicus curiae* questiona argumentos do governo em julgamento da revisão da vida toda**. Publicado em 15/6/2021. Disponível em: https://www.conjur.com.br. Acesso em: 20/6/2021.

GUIA CARREIRA. **Descubra quanto ganha um deputado federal**. Disponível em: https://www.guiacarreira.com.br. Acesso em: 15/05/2023.

GONÇALVES, André. **Esquema da Lava Jato é pelo menos 20 vezes maior que o mensalão**. Publicado em 17/2/2015. Disponível em: https://www.gazetadopovo.com.br. Acesso em 25/3/2024.

JUNIOR, Marco Aurélio Serau. **Revisão da vida toda: Julgamento dos embargos de declaração do INSS e modulação de efeitos da tese**. Disponível em: https://www.migalhas.com.br. Acesso em: 23/08/2023.

MOLITERNO, Danilo. **Mudanças que reduzam o déficit na Previdência de militares são necessárias, diz o presidente do INSS à CNN**. Publicada em 20/6/2024. Disponível em: https://www.cnnbrasil.com.br. Acesso em: 6/7/2024.

MOTA, Camilla Veras. **Calculadora de renda: 90 dos brasileiros ganha menos de R$3.500,00, confira sua posição na lista**. Publicado em 13/02/2021. Disponível em: https://www.bbc.co. Acesso em 29/3/2024.

PARTIDO DOS TRABALHADORES. **Poder e corrupção no capitalismo**. São Paulo: Fundação Perseu Abramo, ISBN 978-85-5708-095-9, 2017, p. 1-259.

RITTNER, Daniel; CURY, Daniel. **TCU critica privilégios de aposentadoria militar déficit per capita é 16 vezes maior que o do INSS**. Publicado em 12/6/2024. Disponível em: https://www.cnnbrasil.com.br. Acesso em: 6/7/2024.

SAMPAIO, Marcos. **O conteúdo essencial dos Direitos Sociais**. São Paulo: Saraiva, 2013, p. 215.

SINTEP-MT. **Aposentados já podem pedir a revisão da vida toda ao INSS, decide o Supremo**. Disponível em: https://sintep.org.br. Acesse em 16/4/2022.

ZARATTINI, Karina. **O STF derruba revisão da vida toda com manobra jurídica**. Disponível em: https://www.calculojuridico.com.br. Acesso em 29/4/2024.

www.ingramcontent.com/pod-product-compliance
Ingram Content Group UK Ltd.
Pitfield, Milton Keynes, MK11 3LW, UK
UKHW021955190726
13853UKWH00004B/1556